普 通 高 等 教 育 教 材

SHENGWU GONGCHENG
JICHU SHIYAN

生物工程
基础实验

李广利　陈莎　荣朵艳　主编

化学工业出版社

·北京·

内容简介

《生物工程基础实验》主要介绍生物工程主要专业实验课程的基本操作技术与实验手段，包括生物化学实验、分子生物学实验、基因工程实验、酶与蛋白质工程实验、发酵工程实验、生物分离工程实验等。本书将各相关实验与其对应的理论课程有机结合起来，形成既具有一定的理论体系又具有一定通用性和指导性的教学实验用书，强调对实验结果的分析与讨论，引导学生通过查阅文献资料来对比和验证实验结果，及时反思和分析既有的实验方案和思路，有利于培养学生在实验中的严谨性和规范性，充分激发和培养学生的独立思考能力、创新能力以及"存疑"和"求异"精神。

本书内容全面详实且可操作性强，可作为高等学校生物科学、生物技术及生物工程相关专业本科生的基础实验教材，亦可供研究生、教职人员以及生物学领域的工程技术人员参考使用。

图书在版编目（CIP）数据

生物工程基础实验 / 李广利，陈莎，荣朵艳主编. —北京：
化学工业出版社，2023.1
普通高等教育教材
ISBN 978-7-122-42519-5

Ⅰ．①生… Ⅱ．①李… ②陈… ③荣… Ⅲ．①生物工程-实验-高等学校-教材 Ⅳ．①Q81-33

中国版本图书馆 CIP 数据核字（2022）第 208392 号

责任编辑：旷英姿　王　芳　　　　　　　　文字编辑：张春娥
责任校对：王　静　　　　　　　　　　　　装帧设计：李子姮

出版发行：化学工业出版社（北京市东城区青年湖南街 13 号　邮政编码 100011）
印　　刷：北京云浩印刷有限责任公司
装　　订：三河市振勇印装有限公司
787mm×1092mm　1/16　印张 12　字数 292 千字　2023 年 4 月北京第 1 版第 1 次印刷

购书咨询：010-64518888　　　　　　　　　售后服务：010-64518899
网　　址：http://www.cip.com.cn
凡购买本书，如有缺损质量问题，本社销售中心负责调换。

定　　价：36.00 元

生物工程基础实验是生物科学研究中一种重要的实践活动。生物工程基础研究方法和手段及研究的仪器设备等物质技术条件直接影响着生物学的发展水平。本书将生物工程相关专业的基础实验以及专业实验进行了有机整合，是从事生物工程专业教学与科研一线的教师在其长期使用的实验讲义的基础上加以适当修改和充实而成。本书主要分为常用仪器设备、实验操作和附录三部分内容，介绍了 11 种常用仪器设备及其使用规范，涵盖了生物化学、分子生物学、基因工程、酶与蛋白质工程、发酵工程、生物分离工程的 53 个实验项目的基本原理及具体操作步骤，同时将生物工程实验中常用的缓冲液和试剂的配制等相关资料一并整理在附录中供读者参阅。

本书具有两个主要特点：其一是，在选择实验内容上，将生物工程相关专业的基础实验以及专业实验进行了整合、精简，合理安排必要的基本内容，同时根据本学科发展的特点，将相关知识和技术应用到实验教学中，使实验内容的顺序更加合理连贯，系统性更强。其二是，实验结果部分设计了规范的数据记录格式，有利于培养学生在实验过程中的严谨性和规范性；同时强调了对实验结果进行分析与讨论，引导学生通过查阅文献资料来对比和验证实验结果，通过对既有的实验方案和思路进行反思和分析，以充分激发和培养学生的独立思考能力和创新能力，不断提升学习兴趣。

本书由湖南工业大学生命科学与化学学院的李广利、陈莎、荣朵艳主编。杜次、张邦跃编写第一章，李广利编写第二章，荣朵艳、刘洁编写第三章，马靓、曾晓希编写第四章，陈莎编写第五章，荣朵艳、余礼编写第六章，刘学英、刘习文编写第七章，邓燕编写附录。全书由李广利副教授统稿和定稿。编写过程中得到了湖南工业大学校、院各级领导的大力支持。本书也参考和引用了若干国内外相关书籍和文献资料（列于本书最后），在此对相关的作者表示衷心感谢！

　　本书内容较为全面，基本涵盖了生物工程相关专业从基础到专业课程学生应掌握的实验内容，可作为高等学校生物技术、生物工程及其他生物相关专业本科生基础实验教材，亦可供研究生、教职人员以及生物学领域的工程技术人员参考使用。希望不同层次的人员通过参阅本书，各取所需，各有所获。本书虽然经过仔细修改，但限于编者学识和水平，书中不足之处在所难免，欢迎同行和其他读者朋友提出批评和建议。

编　者

2022 年 10 月

目录
CONTENTS

第三章　分子生物学实验　/048

第四章　基因工程实验　/062

第五章　酶与蛋白质工程实验　/094

第一章 常用仪器设备及使用

生物技术和生物工程技术的发展与仪器的进步有密切的关系，比如 X 射线晶体衍射对 DNA 双螺旋结构的发现起着至关重要的作用，而 DNA 双螺旋结构的发现奠定了现代分子生物学的基石，让我们得以从分子的角度探究生命的奥秘。PCR 技术的发展推动了 DNA 测序分析的快速发展，为现代生物学和医学研究提供了强有力的帮助。

生物分子的定量定性分析最有效的方法就是"四大谱"和"三大法"。"四大谱"即紫外-可见光谱、红外光谱、核磁共振波谱和质谱。"三大法"即 X 射线晶体衍射分析、核磁共振波谱分析和冷冻电镜分析。实验室最为便捷和经济的方法为紫外-可见吸收光谱和质谱。紫外-可见吸收光谱应用广泛，通过研究溶液中生物分子对紫外和可见光谱区辐射能的吸收情况对其进行定性、定量和结构分析。质谱技术以其快速、高灵敏度、高精确度的特点广泛应用于蛋白质组学、代谢组学、糖组学等多组学的研究中，逐渐成为组学研究的核心技术，为蛋白质、氨基酸、小分子代谢物等的定性和定量研究提供快速方法，已成为系统生物学的基础研究手段之一。

生物分子分离纯化技术是生物分子定量、定性分析的前提。从机体、组织或细胞中获得生物分子需要通过一系列的预处理，再经过分离、纯化和浓缩等过程。常用的分离纯化技术有离心、电泳、色谱分离、萃取、旋蒸等。例如，先进的冷冻高速离心机，不但能够有效地分离和收集生物样品，还能有效地保持生物分子的活性。常用的电泳技术堪称实验室最简单而经典的核酸和蛋白质等生物分子分离的有效手段，结合成像分析技术能够快速地进行定量和定性分析。

生物技术和生物工程实验中的各种仪器都是根据一系列的物理化学原理设计开发的，需要正确规范的操作，才能够有效地保证仪器的正常运行和使用。因此，了解和掌握实验室常用仪器的基本原理和使用方法，是保障实验顺利开展的先决条件。

一、PCR 仪的原理及使用方法

PCR（polymerase chain reaction）是聚合酶链式反应的简称，是指在引物指导下由 DNA 聚合酶催化的对特定模板（克隆或基因组 DNA）的扩增反应，是模拟体内 DNA 复制过程，在体外特异性扩增 DNA 片段的一种技术。其在分子生物学中应用广泛，包括用于 DNA 测序、定点突变、基因编辑等。

PCR 基本原理是以单链 DNA 为模板、4 种 dNTP 为底物，在模板 3′末端有引物存在的情况下，DNA 聚合酶催化互补链的延伸，多次循环后使微量的 DNA 模板得到极大程度的扩增。在 PCR 中，加入与待扩增的 DNA 片段两端已知序列分别互补的两个引物、适量的缓冲液、微量的 DNA 模板、四种 dNTP 原料、耐热 *Taq* DNA 聚合酶、Mg^{2+}等。反应时先设定预热程序使模板 DNA 在高温下变性，双链打开为单链状态；然后降低溶液温度，使合成引物在低温下与其靶序列配对，形成部分双链，称为退火；再将温度升至合适温度，在 *Taq* DNA 聚合酶的催化下，以 dNTP 为原料，引物沿 5′→3′方向延伸，形成新的 DNA 片段，该片段又可作为下一轮反应的模板。如此重复改变温度，由高温变性、低温退火和适温延伸组成一个周期，反复循环，使目的基因得以迅速扩增。因此 PCR 循环过程可分为三步：模板变性、引物退火、热稳定 DNA 聚合酶在适当温度下催化 DNA 链延伸合成。PCR 仪的原理便是通过智能控制三个过程的温度变化实现 DNA 的扩增。PCR 仪的外观和热模块如图 1.1.1 所示。

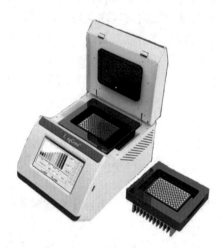

图 1.1.1　PCR 仪外观（Long Gene A200）

1. 操作步骤（一般的操作方法）

（1）开机：打开开关，仪器程序开始初始化，需等待几分钟，准备执行程序。

（2）初始化完成后，显示主界面。

（3）放入样本管，关紧盖子，顺时针旋紧热盖旋钮，直到听到"嗒嗒"声表明已旋紧。

（4）运行程序

① 运行已保存程序，主界面点击"All Program"，选择已保存的程序，然后点击"Run"运行程序，若修改已有程序，则点击"Edit"按需修改参数，然后点击"Run"运行程序。

② 运行最近使用的程序，主界面点击"All Program"，点击"Recent"，选择最近运行过的程序，然后点击"Run"运行程序。

③ 如运行新程序，主界面点击"New Program"，创建新程序后，点击"Run"运行程序。

（5）运行前参数设置：点击"Run"后弹出反应体积和热盖温度设定。

（6）设定体积和温度后点击"OK"，则开始执行程序。

（7）PCR 程序结束后，仪器会自动生成反应报告。

（8）PCR 反应结束后，点击"Stop"按钮停止 PCR 程序，然后打开热盖，取出样品，关闭仪器电源。

运行过程中，点"Pause Run"，仪器暂停；点"Resume Run"，结束暂停。

点"Stop"，终止整个 PCR 程序。

2. 新建程序

（1）主界面点击"New Program"，打开编辑窗口。

（2）点击"Add"，打开"Add Step"窗口增加程序步骤，设置参数，点击"OK"确定修改和设置。

（3）设定完成后，点击"Save"，打开保存窗口。

（4）输入文件名，文件名不超过 8 个字符。

（5）点击"OK"，确定保存程序。

3. 如何设置一个 PCR 体系？

一般分为 5 步：

（1）预变性：可用 94～95℃，2～10min，一般用 3min。

（2）变性：一般用 94℃，30s～2min，一般为 30s～1min。

（3）退火：温度根据引物长度及 GC 含量确定，时间为 30s～2min。

（4）延伸：70～75℃，一般为 72℃，1 kb 延伸时间为 1min。

（5）循环数：一般为 25～35 个循环。

4. 注意事项

（1）使用仪器前请详细阅读使用说明。

（2）PCR 仪旁禁止放置液体、易燃物。

（3）禁止修改程序组中加密的 4 个初始程序。

（4）操作时轻轻触摸（温度感应），手指禁止沾水。

（5）加热模块严禁沾水。

（6）PCR 管规格必须一致。

（7）建议每次操作都使用热盖（通常设置 105℃），必须压紧。

（8）循环操作时温度不能低于 10℃。

（9）保存温度不能低于 10℃。

（10）使用完毕后盖上盖子，必须套上防尘罩。

二、台式离心机的使用

离心机可对溶液中的悬浮物质进行高纯度分离、浓缩、精制、提取，是医学、生命科学、药学、生物学、化学、农业科学、食品环保等科研生产部门使用的重要仪器设备，广泛用于各种药物、生物制品（如血液、细胞、蛋白质、酶、核酸、病毒、激素等）的分离。

实验室常用的离心机主要有普通离心机、低温离心机和高速冷冻离心机。普通离心机主要应用于一般的分离纯化。低温离心机和高速冷冻离心机主要用于低温条件下细菌、细胞、亚细胞组分、病毒等的分离，核酸、蛋白质、酶等活性成分的提取、分离、纯化，以及其他需要低温冷冻条件的离心。

1. 离心机转头的选择

转头是离心机的重要组成部分，由驱动系统带动，随时可装卸，是样品的负载者。根据结构和用途，转头可分为五大类：角式转头、水平式转头、区带转头、垂直转头、连续流动转头。

转头的常用参数有：

① 最大离心力，转头的最大离心力可以根据转头的最大速度和最大旋转半径计算得出，相对离心力（RCF）的公式为：

$$RCF =1.12 \times 10^{-5}N^2r$$

式中，N 表示每分钟转数，r/min；r 是旋转半径，cm。

② 最大容量，每个转头中容纳的离心管数乘以离心管的最大体积就是该转头的最大容量，最大容量与转头的大小有关，而转头的大小与转速有关。容量越大，转头越大，转速越低；反之，容量越小，转头越小，转速越高。在实验过程中必须根据具体的实验要求和方案选择正确的转头。

2. 主要操作规程

离心机的操作方法大致相同，低温或冷冻离心机除了在离心前需要预冷仪器到设定温度外，其余操作和普通离心机相同。下面以 Cenlee 2050R 台式高速冷冻离心机（如图 1.2.1）为例，介绍离心机使用的一般操作流程，如下所述。

图 1.2.1　台式高速冷冻离心机外观（Cenlee 2050R）

（1）接通仪器电源，打开仪器开关。

（2）按"Open"键，打开离心室盖。

（3）根据实验要求选择合适的转头和离心管，确认或更换转头后关闭离心室盖。

（4）按"◀/▶"键移动光标进入温度设置，按"+/−"键设定温度，按"OK"键确认，启动降温系统，使离心机降温。

（5）按"Open"键，打开离心室盖，将离心管对称放入转头中，关闭离心室盖。

（6）按"◀/▶"键移动光标至离心时间设置，按"+/−"键设定时间，按"OK"键确认。

（7）按"◀/▶"键移动光标至离心速度设置，按"+/−"键设定速度，按"OK"键确认。

（8）按"Start"键启动离心机。

（9）等待离心速度达到所设定的速度，并且无异响才能离开。

（10）待离心工作完成，机器完全停止转动。

（11）按"Open"键，离心机盖门将自动打开，旋开转头盖子，取出离心管。

（12）关掉开关，拔下电源，取出转头。

（13）待离心室恢复至室温，用软布或吸水纸擦去转头和离心室内残留水分。

（14）关闭离心室盖。

对于非低温或冷冻离心机，省去温度设定和离心室预冷过程，其他操作相同。离心过程中途暂停或发生异响等情况，按"Stop"键停止离心，等待离心机完全停止方可打开离心室盖进行下一步处置。

3. 使用注意事项

（1）离心机应放置于水平地面或桌面上，周围最好能留出 30cm 的距离，房间内应避免阳光直射，保持良好通风，不应同时存放挥发性物品。

（2）使用前应确定冷冻离心机接地是否稳定。应检查转子是否有伤痕、腐蚀等现象，同时应对离心杯做裂纹、老化等方面的检查，发现问题立即停止使用，并与厂方联系。

（3）使用高转速（大于 8000r/min）时，要先在较低转速下运行 2min 左右以磨合电机，然后再逐渐升到所需转速。

（4）不得在机器运转过程中或转子未停稳的情况下打开盖门，以免发生事故。

（5）离心管加液应称量平衡，若加液差异过大运转时会产生大的振动，此时应停机检查，使加液符合要求，离心管必须对称放入。

（6）不得使用伪劣的离心管，不得使用老化、变形、有裂纹的离心管。

（7）每次停机后再开机的时间间隔不得少于 5min，以免压缩机堵转损坏。

（8）在离心过程中，操作人员不得离开离心机室，一旦发生异常情况，操作人员不能关闭电源，要按停止键。

（9）在仪器使用过程中发生机器故障、部件损坏情况时要及时与实验室管理人员联系。

（10）转头要轻取轻放，防止剧烈碰撞。

（11）每次使用完毕之后，要用75%酒精擦拭干净，防止被酸、碱溶液腐蚀和氧化物氧化。

（12）防止机械疲劳，转头在离心时，随着离心速度的增加，转头的金属会随之拉长变形，在停止离心后又恢复到原状态。若长时间地使用转头最大允许速度离心，会造成机械疲劳。

（13）工作结束后，一定要将转头从仪器内取出。转头如需清洗，请使用中性洗涤剂，清洗晾干后，可在转头表面涂抹少量硅脂。转头平时倒放于较软的实验台表面（不要盖上转头盖）。转头需轻取轻放，严禁撞击。

（14）工作结束后，仪器样品室内如有结霜，请勿关门，需等待霜融化后用软布擦净后再关门。

（15）一旦发现离心机有异常（如机器振动明显、噪声很大），应立即按停止键，必要时应切断电源，停止离心，检查原因。

三、分光光度计原理及使用

一些物质在光的照射激发下，能够产生对光吸收的效应。物质能够选择性地吸收不同波长的光，因此，不同的物质都具有不同的吸收光谱。某一波长的光通过溶液时，因为物质的吸光效应使光的能量衰减，衰减程度与物质的浓度存在一定的比例关系，符合比色原理——比耳定律。

分光光度法是通过测定一定浓度的样品溶液在光照射下对光的吸收强度和吸收特征，来对该物质进行定量和定性分析的方法。将不同波长的光连续地照射到一定浓度的样品溶液时，便可得到该物质对不同波长光的吸收强度。

在分光光度计中，当入射光、吸光系数和透射光程不变时，透光率或吸光度仅随溶液的浓度变化而变化。入射光和透过溶液的光经过测光系统将光能转化为电信号，通过计算转换便可在指示器或软件界面显示出相应的吸光度和透光率。分光光度计具有灵敏度高、操作简便、快速经济等优点，是生物化学实验中最常用的测量分析方法之一，广泛应用于生物化学物质的定量和定性分析中，其外观如图1.3.1所示。

图 1.3.1 紫外-可见光分光光度计（UV-751）

比色皿是进行紫外-可见光光度测定的必需配件。比色皿透光面是由能够透过所使用的波长范围的光的材料制成。从材质来源区分，比色皿分为玻璃比色皿、石英比色皿和塑料比色皿三种。一般实验室常用的比色皿为玻璃比色皿和石英比色皿。玻璃比色皿的透光性能较差，对紫外线吸光度非常大，几乎全部吸收。石英比色皿的透光性能较好，对紫外线的吸光度则小得多。在不同的测试要求中必须使用合适的比色皿。因此，在测试前必须根据测试要求选择合适的比色皿。

1. 比色皿的选择和使用

（1）比色皿的选择和校正

① 比色皿材质选择　对于低于 350nm 的光谱(紫外)光度测试，必须使用石英比色皿。光度测试波长在 350～2000nm 的可见及近红外光谱区域时，既可使用石英比色皿也可使用玻璃比色皿。

② 比色皿光程选择　比色皿有不同的光程长度，一般常用的有 0.5cm、1cm、2cm、3cm，选择哪种光程长度的比色皿，应视分析样品的吸光度而定。当比色液的颜色较淡时，应选用光程长度较大的，如 3cm 的比色皿；当比色液的颜色较深时，应选用光程长度较小的，如 0.5cm、1cm 的比色皿，使所测溶液的吸光度在 0.1～0.7 之间。

③ 比色皿校正　比色皿有方向性。有些比色皿上标有方向标记，无方向标记的比色皿应予以校正，校正时要先确定方向并做好标记，以减少测定误差。比色皿的校正方法是：将纯净的蒸馏水注入比色皿中，把其中吸收最小的比色皿的吸光度设置为零，并以此为基准，测出其他比色皿的相对吸光度。同一组比色皿相互间的差异应小于测定误差，在测定同一溶液时，吸光度差值应小于 0.5%，否则应对差值进行校正。

（2）比色皿的使用与维护　光谱分析仪器是生物化学实验中的必备仪器，也是科研和教学中高频使用的仪器，故比色皿的使用非常频繁，数量也比较多。一般在科研和教学中，为了节约成本，石英比色皿和玻璃比色皿会重复使用。因此正确规范地使用和维护比色皿对于保障科研和教学的顺利进行非常重要。同时，微量、半微量、荧光等一些比色皿不断出现，对使用和维护有更高的要求。

① 比色皿的使用　拿取比色皿时不得接触透光面，否则指纹、油污会弄脏透光面而使比色皿改变透光性能。测试前应用待测液润洗比色皿 3 次（注意不要产生气泡）。比色皿外壁的水和溶液可先用滤纸吸干，再用擦镜纸或软绸布擦拭。将比色皿放入仪器中时，两个透光面要完全平行，并垂直置于比色皿架中，以保证在测量时入射光垂直于透光面，避免光的反射损失，保证光程固定。

② 比色皿的清洗　分光光度计中比色皿的洁净与否是影响测定准确度的因素之一。因此，必须选择正确的洗净方法。一般是按照测定试剂的特性，采用能溶解中和的方法来进行清洗。原则上，一是不能损坏比色皿的结构和透光性能；二是能够采用中和溶解的方法来达到比色皿干净如初的效果。下面介绍几种清洗方式。

a. 对于一般的无机盐类物质和水溶性物质，每次使用完毕的比色皿，一般先用自来水冲洗，再用蒸馏水冲洗三次，倒置于干净的滤纸上晾干，然后存放于比色皿盒中。

b. 测定溶液是有机物质，每次使用完毕的比色皿，就用有机溶剂，比如酒精等易挥发的溶剂洗涤。当比色皿被有机物污染和吸附时，可用相应的溶解能力较强的有机溶剂浸泡，然后用酒精等易挥发的溶剂洗涤。

c. 测定溶液是酸，当有较强的吸附或者存在污染比色皿的情况时，可用弱碱溶液洗涤，相反若测定溶液是碱，对于存在吸附和污染的情况，可用弱酸溶液洗涤。

d. 对一般方法难以洗净的比色皿，还可以采取以下两种方法清洗：一是先将比色皿浸入含有少量阴离子表面活性剂的碳酸钠（20g/L）溶液泡洗，经水冲洗后，再在过氧化氢和硝酸（5∶1）混合溶液中浸泡半小时，然后取出用自来水冲洗，再用蒸馏水冲洗 3 次，倒置于干净的滤纸上晾干后保存。二是在通风橱中用盐酸、水和甲醇（1∶3∶4）混合溶液泡洗，一般不超过 10min，然后取出用自来水冲洗，再用蒸馏水冲洗 3 次，倒置于干净的滤纸上晾干后保存。

分析常用的铬酸洗液不宜用于洗涤比色皿，这是因为带水的比色皿在该洗液中有时会局部发热，致使比色皿胶接面裂开而损坏。同时经洗液洗涤后的比色皿还可能残存微量铬，其在紫外区有吸收，因此会影响铬及其他有关元素的测定。

2. 操作方法（UV-751）

（1）揭去防尘罩，打开暗盒盖子，取出干燥剂，盖上暗盒盖。

（2）接通电源，打开稳流稳压器电源，选择光源。

（3）打开分光光度计电源开关，打开暗盒盖，预热仪器 20min。

（4）转动波长调节器，选择单色光波长。

（5）旋转灵敏度挡，选择合适的灵敏度。

（6）打开暗盒盖，调节调零电位器，轻旋调零电位器，使读数表头指针指"0"。

（7）将空白比色皿和待测比色皿放入托架内，然后盖好。

（8）推动推杆使空白比色皿对准光路。

（9）在控制面板上同时按下"1"和"样池"按键，然后同时松开。

（10）调节狭缝旋钮，使显示屏上显示"80"以上。

（11）转动光量调节器，按下"100% T"键，使指针指向"100"。

（12）测定，拉动推杆，使待测溶液对准光路。

（13）按下"T"键，显示透光率；按下"A"键，显示吸收率，并逐一记录。

（14）打开比色皿暗盒盖，取出比色皿。

（15）关闭仪器，关闭稳流稳压器，切断电源。

（16）清洗干净比色皿，并晾干；用软纸擦净比色皿座架及暗盒。

（17）将干燥剂放入暗盒，盖好，罩上防尘罩。

3. 使用注意事项

（1）仪器所用 220 V 电源，需经稳压器稳压，仪器停止工作时应切断电源。

（2）无测试时，必须将比色皿暗箱盖打开，使光路切断，以延长光电管使用寿命。

（3）严禁用毛刷清洗比色皿，以免损伤它的透光面。

（4）严禁用非擦镜纸擦拭透光面，以防止损毁比色皿。应用柔软镜纸将比色皿上的液迹和污痕擦净。

（5）对系列溶液测定吸光度时，应按照由稀到浓的顺序进行，以减小测量误差。

（6）仪器使用半年左右或被移动后要检查波长精度、易耗元件、光电管和光源等。

（7）通常使用一定时间后部分元件会衰老和损坏，应及时更换。钨灯发黑时应立即更换。钨灯或氘灯更换后应进行光学调整。

（8）仪器内干燥剂应经常更换，测试室应保持干燥。为避免仪器积灰和玷污，用完应罩上罩子。

四、自动核酸蛋白分离色谱仪

自动核酸蛋白分离色谱仪,是一种液相色谱分离仪,该设备主要由紫外检测装置、色谱柱、恒流泵、部分收集器、数据记录仪等组成,如图 1.4.1 所示。它能够对具有紫外吸收的生物样品(如核酸、蛋白质)进行定量分析。该设备具有微量样品池,可进行连续检测,记录仪即可自动绘制出样品分离的图谱(吸收峰或透过峰),同时可检测出所需样品在部分收集器试管中的分布情况,以随时监测柱色谱过程。特别是在摸索实验过程中,可及时改变洗脱条件,以便迅速取得最佳实验方案。该设备被广泛用于生物学研究、药物测定、农业科研、化工、食品及医疗等单位,是科研和生产活动中必备的仪器设备之一。

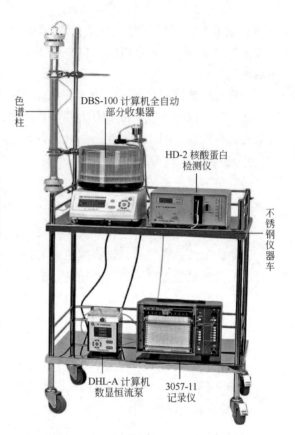

图 1.4.1　MA99-3 自动核酸蛋白分离色谱仪示意图

1. 前期准备

认真学习自动核酸蛋白分离色谱仪使用说明书,认真了解设备的配置、主要技术指标、各模块的结构和功能,为后续使用做好准备。

(1)检测仪各键功能

① "调 T" 旋钮:选择 "灵敏度" 为 "T" 时,可调节 "透过率 T" 为 100%。

② "调零" 旋钮:选择 "灵敏度" 为 "2A~0.05A" 时,可调节 "吸光度 A" 为零。

③ "灵敏度" 选择键:根据样品出峰大小,选择合适的 "灵敏度" 位置,在使用记录仪时,其每挡的 "灵敏度" 是 2 倍关系。

(2)收集器各键功能

① "电源开关":开启收集器。

② "确定" 键:选择设置状态和保存设置参数。

③ "启动" 键:启动收集器工作。

④ "返回/暂停" 键:设置参数时返回上级菜单,运行状态时转换到暂停状态。

⑤ "方向" 键:设置参数和转换菜单。

(3)恒流泵各键功能

① "电源开关":开启恒流泵。

② "确定" 键:选择设置状态和保存设置参数。

③ "启动" 键:启动恒流泵工作;再按 "启动" 键,恒流泵停止工作。

④ "返回/暂停" 键:设置参数时返回上级菜单,运行状态时转换到暂停状态。

⑤ "排气" 键:可快速排出硅胶管内的空气。

⑥ "方向" 键:设置参数和转换菜单。

（4）记录仪各键功能

① "电源"键：电源开关。

② "输入"接口：接检测仪。

2. 收集器调试

使用前将电源线、试管盘、竖杆、安全阀、漏液报警板等正确安装和固定好，正确连接收集器。开启电源，按"电源"开关，试管盘自动复位至起点，液晶显示屏亮。按任意键，进入待机状态，即自动收集器准备状态下。调节滴口到第一个试管的中心位置（外圈第一管），拧紧固定螺丝（竖杆固定螺丝、安全阀固定螺丝、小横杆固定螺丝），完成滴头定位。编程设置"定时收集""定滴收集"（需要微量收集时可选此项）或"定峰收集"（有模式 1 和模式 2 可供选择）等状态。设置完成后按"确定"键，完成所有参数设置，并保存参数。返回待机状态，显示"开始运行"。此时可按"预置"键使数码管全为"日"，按"定时""定滴"或"定峰"键指示灯亮，即进入相应自动收集状态，可实现自动检测和样品收集。

收集器下有漏液报警板，当滴头定位不准或在实验过程中不慎有液体流到积液盘的漏液报警板上，仪器会自动报警（液体是导电物质才有作用），收集器停止工作，此时需先把流到积液盘"漏液报警板"上的液体擦干净，再按"启动"键，收集器继续工作。

3. 恒流泵操作步骤

（1）接通电源，按电源开关，使泵处于待机状态（主菜单）。

（2）正确安装硅胶管后，按"排气"键，通过"◁"或"▷"键来选择顺/逆转方向，选择"》"表示使用顺时针转动，选择"《"则表示使用逆时针转动，并适当调整泵头前后的调压螺钉。一般只要调整到有液体流出即可。泵自动将空气排出硅胶管，与此同时，被输液体注满硅胶管，再按"暂停/返回"键，泵停止转动，返回主菜单。

（3）通过"设置参数"键，设置操作所需的五个参数值：流量、预置量、3/5 选择、顺/逆选择、‰修正。

（4）在泵处于待机状态之后，通过"▽""△"键，选择"开始运行"，并按下"确定"键进入"开始运行"状态，使泵进入工作状态。

（5）视色谱柱大小选择恒流泵的合适流量，一般为 1～3mL/min。

4. 记录仪调试及图谱绘制

（1）调试

① 按"电源"开关，接通记录仪电源。

② 把检测仪的记录仪输出接口连接到记录仪的信号输入接口，分别把红黑接口固定好。

③ 按"走纸"开关，选择 6mm/h 挡。

④ 按"信号"开关，选择 10mV 挡。

（2）图谱绘制

① 绘制"T-h"图谱（透过峰）：调节"调 T"旋钮，使记录仪记录笔在满量程位置（即 T=100%），当洗脱样品流过检测仪时，记录仪即可自动绘制出"透过率"T随"时间"h变化的图谱。

② 绘制"A-h"图谱（吸收峰）：按下"T"键，调节"调 T"旋钮，使透过率为 100%，然后按下"0.5A"键，调节"A 调零"旋钮使吸光度 A 为零（即记录仪记录笔在零位）作为

基线（为防止系统出现漂移，基线亦可调节在大于零的位置，如记录仪满量程十分之一的位置上，读取 A 值时注意扣除此数值）。当洗脱样品流过检测仪时，记录仪即可绘制出吸光度 A 随时间 h 变化的图谱。

③ 按"灵敏度选择"键，2A 至 0.05A 每一挡均表示记录仪满量程读数。

如按下"2A"挡，记录仪记录笔指在满量程位置，此时吸光度为 2A；记录笔指在满量程 50%的位置，吸光度即为 1A。如按下"0.5A"挡，记录仪记录笔指在满量程位置，吸光度即为 0.25A。选取吸光度量程视样品浓度和吸收峰大小而定，通常选取"0.5A"挡能满足一般实验需要。

5. 自动核酸蛋白分离色谱仪操作方法

（1）按要求把仪器（检测仪、收集器、恒流泵、色谱柱等）的电路和液路连接好。样品（液体）流向及管路连接：缓冲液体或样品→色谱柱"进口"（上）→色谱柱"出口"（下）→检测仪"进口"（下）→检测仪"出口"（上）→恒流泵→收集器试管。

（2）在断电情况下，把检测波长调整到实验所需波长。

（3）打开检测仪电源，让检测仪预热 30～60min。预热完毕后，对检测仪进行调试，检查波长是否正确。然后调整灵敏度，把"灵敏度"选择为"T"挡，"T"指示灯亮，调节"T"旋钮，使"T"为"100"（此时透过率"T"为 100%，显示屏显示"100"）；把"灵敏度"选择为"0.5A"挡，"A"指示灯亮。调节"调零"旋钮，使"A"为零（此时吸光度"A"为零，显示屏显示"0"）。

（4）根据实验要求，填装好色谱柱，接通恒流泵电源，调节到合适的流速，使"缓冲液"流过检测仪"样品池"，并保证整个系统不出现气泡。此时，按以上（3）调节"T"旋钮，使透过率"T"为"100"；调节"调零"旋钮，使吸光度"A"为"0"。此时系统达到平衡，可加样检测，同时连接收集器，并使收集器处于自动状态，可实现自动检测和样品收集。当样品流过检测仪时，记录仪可根据样品浓度绘出图谱。若给出的图谱即出峰太小，可改变检测仪的"吸光度选择"挡。特别注意：加样品后不准调节"调零"和"调 T"旋钮。

（5）在显示"开始运行"时，按"确定"键，滴头自动移动到第一个程序段的起始管号位置，处于待机状态，恒流泵停止工作。此时显示三个图标，通过"◁""▷"键，选择其中一个收集状态，按"确定"键，进入待机状态；按"启动"键，收集器开始运行，进入运行状态，恒流泵开始工作。工作完毕，仪器会报警提示，按任意键消除报警。

（6）与计算机建立连接，通过核酸蛋白检测软件，设定参数，记录分离结果并分析。

6. 注意事项

（1）必须使用标准的三芯电源插座，且接地良好，以确保使用安全。

（2）在安装连接过程中必须断电关机操作，待安装检查完毕，才可开机调试，以免损坏机器。

（3）安装"色谱柱"时，定位后必须旋紧各自的固定螺钉，以免固定不稳后造成"色谱柱"的损坏。

（4）每次使用前必须对收集器重新定位。如要从内圈向外圈收集时，必须在内圈终点报警时，复位后重新定位，此时的第一管为内圈的第一管。

（5）试管盘与仪器是单独配置的，不能与其他仪器混用。万一配错可通过试管盘上的编号和仪器后面板上的编号重新配置，使编号一致后才能正常使用。

（6）硅胶管是易损件，使用一段时间后要及时更换。

（7）仪器应避免在强光下工作。在仪器通电情况下不得取出"样品池"和"滤光片"，以免仪器受损。

（8）数字显示"吸光度"和记录仪自动绘制"吸光度"的图谱是两个互相独立的检测系统。数字显示"吸光度"值与记录仪所绘峰值大小没有直接关系，不可互相换算。利用数字显示"吸光度"监测柱色谱分离分析过程，"灵敏度选择"键不起作用。

（9）在使用前须对整个系统进行清洗，以保证系统的精度。

（10）色谱系统平衡后（一般装柱后须平衡数小时），在开始加样前再校对一次"T"100%和"吸光度"零基线，加样后不可再调节检测仪所有旋钮。

（11）实验结束后，必须马上对系统进行清洗（将"样品池"进口接入恒流泵，用蒸馏水清洗 10min 以上），直到检测仪显示"T"大于 100%、"A"小于 0，这样不会因样品池有污垢而影响仪器的检测灵敏度和精度。不及时清洗会污染"样品池"和"色谱柱"，再次使用时会影响检测数据的准确性，严重的会造成系统不能正常工作，尤其会对检测仪的"样品池"造成永久性的污染，这时必须更换"样品池"才能正常工作。

（12）清洗结束后关闭电源，仪器要放在干燥、通风、无腐蚀气体的地方，滤光片防止接触有害气体，禁止用水或有机溶剂擦拭滤光片表面。保存好滤光片对保证仪器性能及延长使用寿命至关重要。

（13）本系统不能输送有机溶剂和强酸、强碱溶剂。

五、电泳仪的使用

电泳是指带电荷的溶质或粒子在电场中向着与其本身所带电荷相反的电极移动的现象。许多重要的生物分子，如氨基酸、多肽、蛋白质、核苷酸、核酸等都具有可电离基团，在某个特定的物理或化学反应条件下可成为带电分子。在电场中，这些带电分子会朝着与其所带电荷相反的电极方向移动。

利用电泳现象将多组分物质分离进而分析的技术称为电泳技术。实现电泳分离技术的仪器称之为电泳仪，主要有水平电泳仪和垂直电泳仪两种，如图 1.5.1 所示。自身电荷、分子量和形状存在差异的不同粒子，在电场中具有不同的迁移率，因而根据移动距离形成了依次排列的不同区带。即使是带有相同电荷的两个分子，它们的分子大小和形状不同，在同种电泳介质中所受的阻力就不同，因此迁移率也不同，从而在电泳过程中被分离。

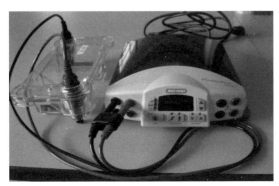

图 1.5.1　实验室常用的水平电泳仪（左）和垂直电泳仪（右）

目前，电泳技术已广泛用于核苷酸、蛋白质、多肽、氨基酸、无机离子等成分的分离和鉴定，其中琼脂糖凝胶电泳、十二烷基硫酸钠-聚丙烯酰胺凝胶电泳（SDS-PAGE）是实验室最常用的核酸和蛋白质的电泳分离方法。

1. DNA 琼脂糖凝胶电泳

（1）操作方法　主要组件和操作过程如图 1.5.2 所示。

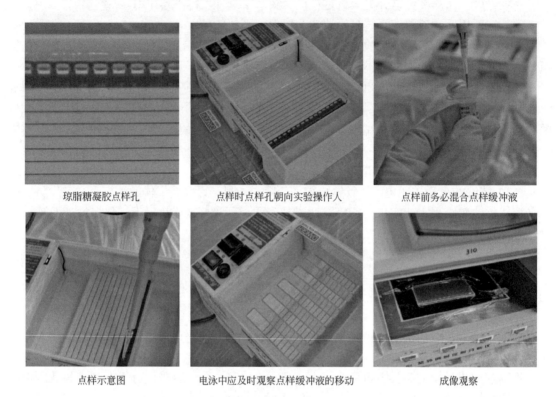

琼脂糖凝胶点样孔　　　　点样时点样孔朝向实验操作人　　　　点样前务必混合点样缓冲液

点样示意图　　　　电泳中应及时观察点样缓冲液的移动　　　　成像观察

图 1.5.2　琼脂糖凝胶电泳的具体操作步骤

① 器材准备　将配胶、电泳、染胶所需要的器具，包括托盘、胶托、梳子、电泳槽、染胶盘，先用自来水冲洗三次，然后用纯水冲洗三次，最后用纸巾或医用纱布擦干。

② 配胶倒模

a. 将适量缓冲液（1×TAE）和琼脂糖加入干净的锥形瓶，摇匀并用锡纸封口。

b. 放入微波炉加热融化，煮至凝胶溶液无气泡、色泽均匀。

c. 取出凝胶溶液冷却至 65℃，将制胶模具组装好。

d. 将凝胶倒入模具中，待凝胶完全凝固。

e. 将凝胶连同模具转移至 4℃冰箱，冷藏 30min。

③ 电泳准备

a. 拔去样梳，连同胶托取出凝胶。

b. 把凝胶及胶托置于电泳槽并做好标记，胶孔靠近负极，孔口朝上。

c. 往电泳槽中缓慢注入电泳缓冲液（1×TAE），至刚好将凝胶淹没。

④ 上样（点样）

a. 将样品、6×上样缓冲液按 5∶1 的比例混匀。

b. 按照标记好的顺序用移液枪吸取微量混合好的样品点入凝胶孔中。

c. 最后点上一定量的 DNA 分子标记。

⑤ 电泳　上样完毕后，双手盖上电泳槽盖，正确接通电泳仪和电泳槽的电极。设置电泳参数：电压 120 V，电流 300mA，电泳时间 30min（按需求设置），并再次确认电极、电泳参数，按"Start"键开始电泳。待溴酚蓝染料迁移至合适位置后，按"Stop"键停止电泳。

⑥ 染胶

a. 戴上 PE 手套，取出凝胶和胶托，小心滑出凝胶并转移到染胶盒中。

b. 小心缓慢加入溴化乙锭（EB）染液，浸没凝胶，染胶 10～30min。若在凝胶制备时已加入 EB 染料，则电泳后不需要再次染胶。

⑦ 凝胶成像

a. 戴上 PE 手套，使用专用的胶铲将凝胶从染胶盒中平稳取出，防止滑落。

b. 将凝胶转移到凝胶成像系统的托盘上，放入成像系统，摆放规正。

c. 根据成像系统自带的软件进行成像拍照及分析，并将使用过的凝胶进行妥善处理，及时做好回收标记。

（2）注意事项

① 上样时务必小心，必须确保上样顺序正确无误，样品间不混淆，点样后的空管需按标记顺序先放在电泳槽旁边，以便于后续核查。

② 点样操作需平稳，避免枪头触碰凝胶，以免凝胶挪动；若凝胶已挪动，则需等样品完全沉到底部后再固定凝胶，以免戳孔引起样品泄漏。

③ 根据梳孔深度注入适当样品，一般应少于 25μL，以免样品外溢。

④ 可使用适量蔗糖以增加样品的密度，使样品驻留不易扩散。

⑤ 电泳过程中应随时观察溴酚蓝的迁移速度和位置，待溴酚蓝迁移至合适位置（胶的 2/3 为宜）后即可结束电泳，以防样品跑出凝胶。

⑥ 电泳过程中应盖好电泳槽盖，以防液体蒸发，确保用电安全。

⑦ 禁止在电泳过程中移动电泳槽、触碰电泳缓冲液和凝胶；电泳结束后，必须断电后方可取出凝胶，确保用电安全。

⑧ 取胶时应小心，防止凝胶断裂、滑落。

⑨ 紫外灯下标记或回收样品的过程中，应佩戴护目镜和穿戴防护手套，防止紫外光对眼睛和皮肤的伤害。

⑩ 如果使用 EB 等有毒、致癌性染料对凝胶进行染色，则务必遵循以下事项：a. 所有操作只能在专门的 EB 房中进行，操作时应戴上乳胶手套和口罩，穿好实验服。b. 切勿让 EB 染料沾上衣物、皮肤、眼睛、口鼻等。c. 严格区分 EB 污染区与非污染区，并做好醒目标识；在两区间的来回操作中必须更换一次性手套，防止污染计算机、键盘及鼠标等非污染区域及物品。d. 含 EB 的废弃固液物必须由专门的容器密封存储，并由具有相关资质的机构统一回收处理，同时需做好废弃物的产生和销毁登记。

2. SDS-PAGE 电泳仪使用（BIO-RAD）

主要组件如图 1.5.3 所示。

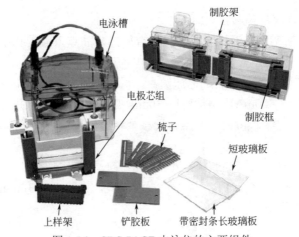

图 1.5.3　SDS-PAGE 电泳仪的主要组件

（1）操作方法

① 组装灌胶模具　组装示意图如图 1.5.4 所示。

a. 将制胶模组套件，如玻璃板、样品梳、垫片和胶条等用洗涤剂洗净，用纯水冲洗数次，再用乙醇擦拭并晾干[图 1.5.4（a）]。

b. 将灌胶模具夹套底座朝下、卡翼打开呈直角状，放入带侧条的厚玻璃片和薄玻璃；将薄玻璃朝向自己，厚玻璃箭头向上，旁边两条小玻璃条与薄玻璃接触，使之形成一个间隙[图 1.5.4（b）]。

c. 在平整光滑的台面上放下玻璃和夹子，使两者的底面完全对齐；向外扳动塑料卡翼，卡紧夹子，使玻璃组件固定[图 1.5.4（c）]。

d. 将组装好的玻璃组件底部放在制胶架上的胶条上，使薄玻璃朝向自己，厚玻璃上的箭头向上，按弹簧夹，将玻璃夹卡紧在制胶架[图 1.5.4（d）]上。

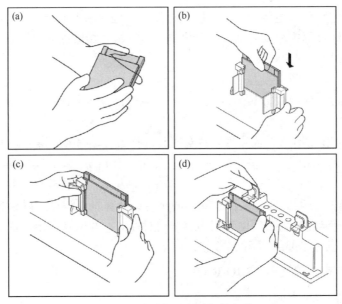

图 1.5.4　夹胶框、制胶架的组装

② 灌胶

a. 配制分离胶,并将其沿玻璃壁缓慢注入制胶槽中,使凝胶液面距离梳子齿 0.5～1cm 处。

b. 立即在其表面覆盖少量去离子水,室温静置 0.5～1h。

c. 除去上层水相,用去离子水或浓缩胶缓冲液洗凝胶界面,准备灌制浓缩胶。

d. 混匀浓缩胶,用滴管或移液枪将浓缩胶液连续平稳地灌注到制胶槽中。

e. 加入浓缩胶至离边缘 5mm 处,迅速插入样梳并防止产生气泡,静置约 30min。

③ 组装电泳槽 组装过程如图 1.5.5 所示。

a. 将电极芯夹子呈打开方式放置于干净平整桌面上[图 1.5.5(a)]。

b. 将第一块凝胶板以短玻璃板向内方式放置于电极芯组件的凝胶板支撑架上,凝胶板支撑架位于电极芯组件底部且每侧均有两个。此时凝胶板相对中心有 30°的夹角。放置第一块凝胶板时须小心确认电极芯夹子保持平衡状态不会翻倒。在另一侧的凝胶板支撑架上放置第二块凝胶板。此时共有两块凝胶板,每侧一块,相对中心倾斜[图 1.5.5(b)]。

c. 一只手压紧凝胶板,另一只手将绿色电极芯夹子合拢在凝胶板上,使其锁定到位。或者用双手持定整个组件并稳定住凝胶板,同时合拢两侧的电极芯夹子使其锁定到位[图 1.5.5(c)]。

d. 电极芯夹子会推动凝胶板使短玻璃板与绿色 U 形密封圈的凹槽对紧防止漏液(请确认短玻璃板正在 U 形密封圈上端的凹槽之下)。此时可以拔出样品梳,用电泳液清洗样品孔并可以上样了[图 1.5.5(d)]。

e. 将电极芯组件放入电泳槽中[图 1.5.5(e)]。向电极芯组件(内槽)中加入电泳缓冲液(约 160mL)直至外玻璃板(厚玻璃板)上沿之下并充满电极芯。

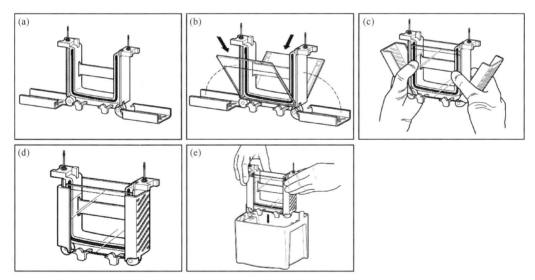

图 1.5.5 电极芯组件组及电泳槽组装

④ 电泳

a. 将样品和上样缓冲液混合均匀,用移液枪或微量注射器加到样品孔内。

b. 接好电极,开启电泳仪,设置好电泳参数,按"Start"键开始电泳。

c. 电泳完毕后,仪器会按程序终止电泳,或按"Stop"键终止电泳,关闭电泳仪,切断电源，拔掉电极插头。

⑤ 染色

a. 电泳结束后，倒去电泳缓冲液，取出电泳槽。

b. 拆卸电极架，取出玻璃夹板，用铲胶器小心地取出凝胶。

c. 将凝胶置于含染色液的染色盒中，置于小摇床上，轻柔晃动染色 4h 或过夜。

d. 染色结束后，倒去染色液，用少量清水淋洗凝胶数次，然后置于脱色液中缓慢摇动脱色，至染色背景变淡、条带清晰可见。

（2）注意事项

① 固定玻璃板时，两边用力一定要均匀，防止夹坏玻璃板。

② 厚玻璃和薄玻璃底边要平整对齐，与灌胶架底面胶条紧密贴合。

③ 制备凝胶的过程应迅速，催化剂四甲基乙二胺（TEMED）要在注胶前再加入，防止灌胶前凝固。

④ 注胶过程一气呵成，避免产生气泡。

⑤ 水封的目的是为了使分离胶上沿平直，并排除气泡。

⑥ 凝胶聚合好的标志是胶与水层之间形成清晰的界面。

⑦ 平稳插入样梳，防止气泡产生。

⑧ 加样前需除尽梳孔中的气泡。

⑨ 应平稳小心加样，保持适当加样深度，防止刺破胶体和样品扩散。

⑩ 为了避免边缘效应，最好选用中部的加样孔注入样品。

⑪ 电泳过程中应严防短路和高温，注意散热。

⑫ 电泳过程中严禁触摸仪器和贴近观察，以防触电等意外发生。

⑬ 剥胶时要小心，须保持凝胶完好无损。

⑭ 染色和脱色过程中要轻柔晃动凝胶，染色漂洗要充分。

⑮ 厚玻璃的箭头朝上，薄玻璃朝向电极架，与电极架的橡胶条必须紧密贴合。

3. 醋酸纤维素薄膜电泳

（1）操作方法

① 薄膜的预处理

a. 选取厚薄均匀、孔细的醋酸纤维薄膜，裁成 2cm×8cm 的膜条。

b. 在哑光面一端约 1.5cm 处，用铅笔轻画一条平行于窄边的加样线并编号，同时标注正负极。

c. 将膜置于装有 pH8.6 的巴比妥缓冲液中，并使之完全浸没，哑光面向下。

d. 选取 15～30s 内迅速润湿且表面无斑点的膜条，浸泡约 30min。

e. 取出膜条，夹于滤纸中，轻轻吸去表面多余的缓冲液。

② 上样

a. 将膜条平整置于滤纸片上，哑光面朝上。

b. 用毛细吸管吸取约 5μL 样品及对照品，均匀涂抹于点样器上。

c. 按对应的编号将点样器上的样品垂直印在点样线上，2～3s 后移开。

③ 电泳

a. 向电泳槽中加入适量 pH8.6 的巴比妥缓冲液，用滤纸作桥架。

b. 将载样膜条的哑光面向下，两端置滤纸桥上，并压严实。

c. 盖好电泳槽盖，插上电极接头，静置平衡约 10min。

d. 打开电泳仪，设置电泳参数，电压约 90 V，电泳时间约 1h。

e. 电泳完毕后，关闭电源。

④ 染色与漂洗

a. 取出薄膜置于染色液中浸泡约 5min。

b. 用镊子取出薄膜并立即浸泡于漂洗液中，漂洗 2～3 次。

c. 将洗净并完全干燥的膜条浸于透明液中，待其全部浸透。

d. 将膜条取出并平铺于洁净的玻璃板上，干燥成透明薄膜，可供分析用和长期保存。

（2）注意事项

① 实验中所使用的巴比妥缓冲液为神经毒剂，染色液与漂洗液也具有毒性，因此必须在实验过程中戴好手套并穿上实验服。

② 点样是否成功关系到电泳结果的好坏，因此点样时应严格遵循操作步骤，应预先在滤纸上反复练习，待操作熟练后再点样。

③ 电泳时的电流不宜过大，每条带以 0.4～0.6mA/cm 为宜。

④ 染色过程中可以轻轻抖动培养皿以使染色更加充分、均匀，注意不要让薄膜重叠。

⑤ 每 10min 应更换一次漂洗液，共漂洗 2～3 次，漂洗过程中可用镊子夹住薄膜轻轻抖动。

六、凝胶成像系统的使用

凝胶成像系统是用于电泳凝胶图像分析研究的仪器（图 1.6.1），其通过数字摄像头将置于暗箱内的凝胶在紫外光或白光照射下的影像摄入计算机，再通过相应的分析软件对 DNA/RNA 凝胶、蛋白凝胶、薄层色谱板等的图像进行处理和分析，进而对条带、斑点及其他任何目标区域进行核酸总量分析、分子量分析、聚类分析及同源性分析等。

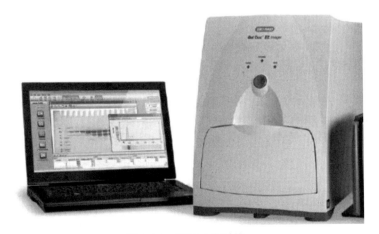

图 1.6.1　凝胶成像系统

随着智能化程度的提高，凝胶成像系统一般配置有高分辨率、高灵敏度 CCD 摄像头和自动化软件分析系统，仅通过简单的计算机操作就可完成从图像采集、图像分析到数据输出的全过程。凝胶成像系统操作简便快捷，可较大程度地控制 EB 污染，有效保障实验操作人员的健康，同时也有助于研究人员安全、正确、迅速地得到电泳照片和分析结果，摆脱烦琐操作过程，提高工作效率。

1. 操作步骤

以 GelDoc EZ 型全自动免染凝胶成像分析系统为例。

① 打开成像仪器电源，将样品放入紫外透射仪上。
② 双击桌面上图标，打开 Image Lab 软件。
③ 单击"新建实验协议"或者已保存的实验协议。
④ 选择相应的应用程序（如"Ethidium Bromide"），设置成像区域及曝光时间等。
⑤ 点击"放置凝胶"，并选择相应的滤光片。
⑥ 通过"照相机缩放"将图像调至合适大小。
⑦ 点击"运行实验协议"，系统将根据输入的曝光时间进行成像。
⑧ 成像结束后，可通过图像工具对结果进行分析处理并保存。
⑨ 仪器使用完后，请及时关闭电源，特别是 ChemiDox XRS 的 CCD 电源。

2. 注意事项

（1）请勿将潮湿样品长期放在暗箱内，以防腐蚀滤光片，更不要将液体溅到暗箱底板上，以免烧坏主板。请勿将 EB 污染的手套或样品接触连接成像仪的计算机主机、键盘及鼠标等。

（2）使用结束后需将平台擦干净，以防有水损坏 CCD；切胶时在平台上垫上保鲜膜，以防划损平台。

（3）只有在进行化学发光实验时才需要提前打开冷 CCD 预热 30min 再使用，其他操作无须预热。

（4）请勿使用控制该仪器的计算机上网，也不要擅自重装计算机操作系统或给操作系统升级。

（5）操作结束后及时取走个人物品，注意用电安全，保持实验室清洁；当仪器使用不正常时，需及时上报维修，不得自行处理。

七、旋转蒸发器的使用

旋转蒸发器，又叫旋转蒸发仪，是实验室广泛应用的一种蒸发仪器，主要用于减压条件下连续蒸馏易挥发性溶剂，应用于化学、化工、生物医药等领域，对样品进行蒸馏回收和浓缩。旋转蒸发仪是物质分离纯化操作不可缺少的仪器。

旋转蒸发仪主要由旋转电动机、蒸馏烧瓶、蒸发管、加热锅、冷凝管、收集瓶、真空系统等部分组成，如图 1.7.1 所示。

旋转电动机：通过电动机的旋转带动盛有

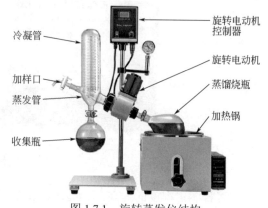

图 1.7.1　旋转蒸发仪结构

样品的蒸馏烧瓶旋转。

蒸馏烧瓶：盛装待蒸发或待浓缩的样品。

蒸发管：蒸发管有两个作用，首先起到样品旋转支撑轴的作用；其次，通过蒸发管，真空系统将样品吸出。

加热锅：用于加热蒸馏烧瓶，一般为水浴加热。

冷凝管：使用双蛇形冷凝管或者其他冷凝管，一般用低温水作冷凝液。

真空系统：为密封的蒸发腔管内提供负压环境。

收集瓶：用于收集蒸馏后被冷凝的溶剂。

在旋转蒸发过程中，旋转蒸发仪的真空系统使蒸馏烧瓶处于负压状态，降低了待蒸发溶剂的沸点。通过恒温加热促进蒸发烧瓶中待蒸发溶剂的扩散蒸发。旋转电动机带动蒸馏烧瓶不断旋转，使液体附于蒸馏器的壁上，形成一层液膜，加大了蒸发的面积，使蒸发速度加快，并可避免暴沸。此外，在高效冷却器作用下，可将热蒸气迅速液化，加快蒸发速率。升降机械或电动机机械装置还可用于调节蒸馏烧瓶在加热锅中的高度，有利于快速地拆装蒸馏烧瓶。

不同的旋转仪主要表现在部分系统结构的差异方面，例如旋转蒸发仪的真空系统可以使用简单的水吸气泵，也可使用机械真空泵。蒸发和冷凝玻璃组件根据用途，可以很简单也可以很复杂，取决于蒸馏的目标，以及要蒸馏的溶剂的特性。智能化和自动化控制也为旋转蒸发仪的操作带来方便，例如可调数字控制真空泵、数字显示加热温度甚至蒸汽温度等功能。

1. 操作方法

（1）检查旋转蒸发仪各部分组件的连接，连接各系统电源。

（2）打开冷凝水控制器电源开关，按制冷键，按"SET"设置所需制冷温度。

（3）当实际温度达到要求后按"循环"，开启循环水（若直接使用自来水制冷，第二步便直接开启自来水即可）。

（4）装上缓冲瓶、蒸馏烧瓶和收集瓶，用标准口卡子固定接口，关闭进样口。

（5）打开真空泵，待有一定的真空度（约 0.03MPa）后再松开手。

（6）手动或自动调节好蒸馏瓶高度。

（7）打开水浴电源开关，设定适当的水浴温度（根据溶剂设定水浴温度）。

（8）打开旋转电动机电源开关（先确认转速为零），调节旋转速度。

（9）蒸馏完毕，先停止旋转。

（10）打开加料管旋塞，使管腔内与大气相通或恢复到大气压。

（11）关闭真空泵，关水浴加热电源，取下蒸馏烧瓶。

（12）关闭低温冷却液循环泵和制冷功能，取下收集瓶。

（13）收集浓缩样品或蒸馏溶剂后，把缓冲瓶、收集瓶、蒸馏烧瓶等洗净烘干。

2. 使用注意事项

（1）各接口、密封面、密封圈以及接头于安装前都需要涂一层真空脂。

（2）加热槽通电前必须加水，不允许无水干烧。

（3）如果真空度太低，应注意检查各接头、真空管、玻璃瓶的气密性。

（4）蒸馏瓶内溶液不宜超过容量的 50%。

（5）若样品黏度比较大，应放慢旋转速度，以能形成新的液面，利于溶剂蒸发。

（6）抽真空前务必用手扶住可能脱落的组件，必须待真空度达到一定值（一般约 0.03MPa）

后再缓慢松手。

（7）蒸馏完毕，关闭真空泵之前，必须先打开加样活塞，使腔内与大气相通或恢复到大气压后再关闭真空泵，以避免倒吸。同时托住蒸馏瓶避免脱落。

八、索氏提取器

液固萃取是利用溶剂对固体混合物中所需成分的溶解度大，而对杂质的溶解度小来达到提取分离的目的。

一种方法是把固体物质放于溶剂中长期浸泡而达到萃取的目的，但是这种方法耗时长且消耗溶剂多，萃取效率也不高。

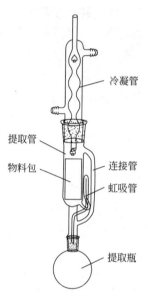

另一种是采用索氏提取器的方法，它是利用溶剂的回流和虹吸原理，对固体混合物中所需成分进行连续提取。当提取筒中回流下的溶剂的液面超过索氏提取器的虹吸管时，提取筒中的溶剂流回圆底烧瓶内，即发生虹吸。随着温度升高，再次回流开始。每次虹吸前，固体物质都能被纯的热溶剂所萃取，溶剂反复利用，缩短了提取时间，所以萃取效率较高。

索氏提取器是由提取瓶、提取管、冷凝管三部分组成（图1.8.1），提取管两侧分别有虹吸管和连接管。各部分连接处要严密不能漏气。提取时，将待测样品包在脱脂滤纸包内，放入提取管。提取瓶内加入石油醚，加热提取瓶，石油醚气化，由连接管上升进入冷凝管，凝成液体滴入提取管内，浸提样品中的脂类物质。待提取管内石油醚液面达到一定高度，溶有粗脂肪的石油醚经虹吸管流入提取瓶。流入提取瓶内的石油醚继续被加热气化、上升、冷凝，滴入提取管内，如此循环往复，直到抽提完全为止。

图1.8.1　索氏提取器

1. 操作方法

（1）将待提取样品放入物料包，封装好，放入提取管中。

（2）将提取管和提取瓶连接好，并用固定卡子卡紧。

（3）调整好提取瓶在加热套/水浴中的高度。

（4）将提取管和提取瓶在铁架台上固定好。

（5）取适量的提取溶剂从提取管上端口倒入，通过虹吸加入提取瓶中。

（6）将冷凝管安装在提取管上端口。

（7）连接进水与出水管路，接通冷凝水，调节水流大小。

（8）开启加热设备电源，根据所需调节温度与时间，启动加热。

（9）萃取结束后，冷却至少30min。

（10）关闭电源、水源。

（11）取下冷凝管，上提提取管，取出提取瓶，收集提取液。

（12）清理/清洗各提取组件，烘干待用。

2. 注意事项

（1）根据室温高低，适当调整抽提加热的设定温度。冬天必须防止室内结冰损坏玻璃管。

（2）加热时必须先注入蒸馏水，防止电热管烧坏。

（3）抽提时注意水位，水位低时需及时补充蒸馏水。

（4）加入抽提溶剂一定要适量，务必达到虹吸要求。

九、微波-超声波合成萃取仪

微波-超声波协同装置是将微波、超声波组合在一起的新型多功能微波化学反应器，利用微波加热化学物质进行反应，其速度较传统加热技术快数倍乃至数千倍。微波作用于反应介质，通过极性分子的偶极旋转或离子传导两种方式，增加反应体系内分子的振动与摩擦，提高其活化能，促进化学反应的进程；同时利用超声波的振荡、空化、分散、粉碎、搅拌等多重效应，分散、粉碎粒子，使其粒度进一步减小，加速溶质溶解，改善反应活性。多功能微波-超声波组合反应器使得纳米材料合成、天然产物萃取、金属矿物浸出、有机药物合成等有更多的可能。微波-超声波协同合成萃取仪可应用于常压合成反应、微波萃取反应、超声波催化、常压超声波协同合成/萃取等多种试验模式，极大地提高了化学反应速率和萃取效率。

以 CW-2000 型超声-微波协同萃取/反应仪（如图 1.9.1 所示）为例，介绍具体的技术参数及相关使用方法。

图 1.9.1　CW-2000 型超声-微波协同萃取/反应仪外观

1. 仪器主要性能特点

该仪器具有超声波、微波以及微波-超声波协同萃取三种功能，可根据样品的性质和分析要求，选择需要的工作方式。微波功率、辐照时间、目标溶液温度都连续可调，超声振动、微波加热方式和程度也可根据工作方式、时间和温度任意组合和设定。低温常压环境可减小对样品中的目标物，尤其是对有机物结构的破坏。

2. 仪器及样品准备

（1）样品准备　将样品和溶剂/反应剂装入合适的反应瓶内，盖上密封圈。将瓶上有文字的一面对着仓门置于炉腔中央的圆孔内，稍微下压，可听到轻微的"咔"声，此时卡座内弹簧卡紧换能器和样品瓶。将冷凝管从上往下插入密封圈，并将仪器顶部冷凝管套旋紧（注意不要旋太紧，以免冷凝管碎裂）。

（2）仪器准备　合上仪器仓门，开启电源，液晶显示器显示"系统正在自检　炉门状态关"，视频监视器显示炉腔内的容器，所有风扇、照明灯及指示灯开始运转（注意：如果此时不进行下一步的工作设置，仪器在 1min 后，视频监视器将关闭，仪器进入闲置状态。液晶显示器显示"LOGO"，风扇、照明灯及指示灯停止运转）。

3. 使用方法

按功能键或键盘上的任意键，仪器显示上次操作程序，如图 1.9.2 所示。

其中：

"工作参数：x"——表示按已存储的第 x 条；

"工作阶段：y 个"——表示该程序共有 y 个阶段；

"共运行：abcd 秒"——显示该程序累计运行时间。

（1）参数设置　点击"设置"键，进入设置状态，按压左、右箭头移动光标到不同位置，通过键盘输入具体数值。超声波的"开"是用数字键盘非零数字键设置，"关"是用数字键盘零数字键设置。

数字键盘区"CE"是取消键，短按是取消当前输入值，长按是全盘取消，退出设置状态。

数字键盘区"OK"是确认键，短按是确认当前输入值，并自动进入下一阶段设置，长按是确认所有参数的输入值，进入存储画面（图 1.9.3）。

图 1.9.2　参数设置工作界面

图 1.9.3　参数设置存储界面

其中：

"阶段"——表示所设置的工作参数属于第几阶段；

"时间"——表示当前阶段工作时间；

"微波功率"——表示当前阶段微波功率设定值；

"超声'开/关'"——表示当前阶段超声振荡的开或关；

"温度"——表示当前阶段的设定工作温度（室温至 120℃）；

"@时间/温度/恒温"——控制工作模式；

"@时间"——仅受控于时间，微波输出功率等于设定值，当前阶段工作时间到达设定值即进入下一阶段；

"@温度"——主要受控于温度，微波输出功率等于设定值，当前阶段温度到达设定值即进入下一阶段；如果当前阶段温度始终无法达到设定值，但当前阶段工作时间已达设定值，则运行程序也将进入下一阶段；

"@恒温"——此项功率无须设置，仪器自动控制微波输出功率，使实际工作温度等于温度设定值，功率项显示为"自动"，当前阶段工作时间到达设定值，即进入下一阶段；最多可以设置 9 个工作阶段，设置完成后点击"OK"键，进入存储画面。

（2）参数修改　如图 1.9.4 所示为参数修改界面。

图 1.9.4　参数修改界面

进入存储画面后，可以用数值键更改参数号，按"确定"键，仪器自动储存，并会显示"储存完成"，显示器显示"LOGO"。如果仍需修改，可以按"重置"键，重新回到第一阶段设置；如果放弃设置，可以按"取消"键，回到闲置状态。

（3）参数查看　按"查看"键，按"OK"键或直接输入阶段数，可查看各个工作阶段参数，若要退出查看状态按"CE"键。

4. 注意事项

（1）严禁空载、反应容器内无液体情况下启动微波，以免损坏仪器。

（2）严禁在微波作用下使用金属物品和容器。

（3）炉腔的清洗可以用温水蘸洗液轻轻抹拭，以及使用酒精等易挥发无腐蚀的溶剂。

（4）炉腔底部中央的超声波换能器严禁浸入水中，如果沾水应使用干抹布抹干。

（5）仪器使用前后应注意擦干仪器内外的残留水，保持仪器干燥。

十、气相色谱-质谱联用仪

质谱（mass spectrometry，MS）分析是一种测量离子荷质比（电荷-质量比）的分析方法，其基本原理是进入仪器的试样经过离子源的轰击，各组分发生电离，生成不同荷质比的带电荷离子，然后经加速电场的作用，形成离子束，进入质量分析器。在质量分析器中，再利用电场和磁场使发生相反的速度色散，将它们分别聚焦而得到质谱图，从而确定其质量。

气相色谱法-质谱法联用（gas chromatography-mass spectrometry，GC-MS）是一种结合气相色谱和质谱的特性，在试样中鉴别不同物质的方法。其主要应用于工业检测、食品安全、环境保护以及科学研究等众多领域，如农药残留、食品添加剂等；纺织品检测，如禁用偶氮染料、含氯苯酚检测等；化妆品检测，如二噁烷、香精香料检测等；电子电器产品检测，如多溴联苯、多溴联苯醚检测等；以及生物分离工程中获得的混合物产品、化学合成获得的混合产物及复杂化合物的定性定量分析等。

气相色谱-质谱联用仪集高效分离、多组分同时定性和定量为一体，是分析混合物（主要是有机物）最为有效的工具。实验室常见气相色谱-质谱联用仪如图 1.10.1 所示。

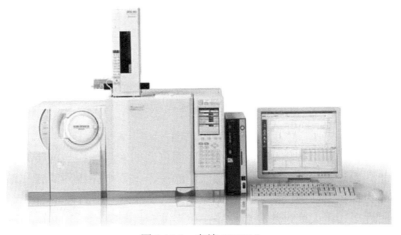

图 1.10.1　岛津 QP2010

1. 气相色谱-质谱联用（GC-MS）仪操作规程

（1）打开断电保护电源，开稳压电源，保持 3～5min（在开稳压电源前保证其他仪器处于关闭状态）。

（2）打开载气（氦气），松开小阀，打开总阀，紧小阀为 0.5MPa。

（3）打开气相色谱电源。

（4）气相色谱自检。

（5）将测试方法加载到气相色谱主机。

（6）开质谱电源。

（7）双击实时分析工作站（ID ADMIN）确定，听到两声响声。

（8）打开真空控制，抽真空，点击自动启动，4～5min后自动关闭。

（9）点击"ETAIL"设定基本实验参数（进样口、柱、MS）。

（10）稳定1～2h。

（11）点击"TUNING"（调谐），离子源选择EI，"MONITOR"选water/air进行峰监测，打开灯丝，观察m/z=18、28、32处的离子强度，检测是否漏气（28处的峰高不得高于18处峰的2倍）（28峰强度：32峰强度=4：1）。输入69，打开标准品，再打开灯丝（关时先关灯丝后关标准品）（注意：当开机时间很长时，18峰可能小于28峰，此时可以从69峰检测是否漏气，只要69峰仍为最高峰就说明不漏气）。

（12）DETECTOR（检测电压）常用0.70 kV。

（13）点击"START AUTO TUNING"（等待约3min），且要保存调谐报告。

（14）开始编辑实验方法，点击"DATA ACQUISITION"进入实验方法编辑参数对话框，分别编辑GC和MS的参数。

（15）GC参数：柱温、进样口温度、进样模式（选分流或不分流），设置载气参数、程序升温控制参数。

（16）MS参数：离子源温度、进样口温度、溶剂切除时间、微扫宽度、DETECTOR（检测电压）及THRESHOLD（阈值）等。检测电压有两种模式可选，通常选择相对于调谐结果的模式，"THRESHOLD"通常在500左右。

（17）保存方法文件。

（18）样品注册点击"SAMPLE LOGIN"输入相关信息（必须输入数据名文件和调谐文件）确定。

（19）点击"STANDBY"，传输上述设定数据至主机。

（20）待状态灯显示READY，手动进样，若为自动进样则点击"START"，仪器自动进入样品分析和数据采集。

（21）关机（AUTO SHUTDOWN），关闭电源及载气。

2. 使用注意事项

（1）气质联用仪是一个气体运行的系统，因而仪器的密封性相当重要。要先检查气路，看是否漏气。垫圈要松紧合适，太松会有漏气的隐患，太紧则会压碎垫圈。每次更换色谱柱时需要更换新的密封垫圈。清洗离子源时打开腔体后要注意其密封性。

（2）气源附近严禁明火或过热高温物体存在。

（3）标准物质应在证书标明的有效期内使用，并按照证书要求的环境条件包装、储存和使用。标准物质使用前应恒温至（20±3）℃，摇匀打开后一次性使用。

（4）气质联用仪校准用标准物质均属于易挥发、有毒有害物质，使用时应注意防护，戴口罩、乳胶手套，避免吸入或与皮肤接触，使用后剩余溶液应置于专门废液瓶中集中处理，不可随便倒入下水管道。

（5）气质联用仪许多部件的工作温度都很高，足以严重烫伤操作人员，在仪器后部操作时要小心，因为在冷却循环期间，气相色谱仪会排放可能烫伤操作人员的高温废气。

（6）微量注射器是易碎器械，使用时应多加小心，不用时要洗净放入盒内，不要来回空抽，否则会造成严重磨损，损坏气密性，降低准确度。

（7）微量注射器在使用前后都须用丙酮等溶剂清洗。

（8）对 10～100μL 的注射器，如遇针尖堵塞，宜用直径为 0.1mm 的细钢丝耐心穿通，不能用火烧的方法。

（9）用微量注射器取液体试样，应用少量试样洗涤多次，再慢慢抽入试样，并稍多于需要量。如内有气泡则将针头朝上，使气泡上升排出，再将过量的试样排出，用滤纸吸去针尖外所沾试样。注意切勿使针头内的试样流失，或将吸好样的进样针头插入废进样垫内，排出气体。

（10）取好样后应立即进样，进样时，注射器应与进样口垂直，针尖刺穿硅橡胶垫圈，插到底后迅速注入试样，完成后立即拔出注射器，整个动作应进行得稳当、连贯、迅速。针尖在进样器中的位置、插入速度、停留时间和拔出速度等都会影响进样的重复性，操作时应注意。

十一、BT 系列蠕动泵

蠕动泵主要适用于实验室、科研院所的精确流量传输。产品采用先进的人机工程学设计，不仅外观精致，而且操作界面与水平成 30°夹角，使用户的操作更为简单舒适。该产品是目前国内同类型产品中设计标准最高、性价比最优的一款，产品外观如图 1.11.1 所示。

图 1.11.1　BT 系列蠕动泵外观图

1. 功能特点

（1）薄膜按键可以控制启停、方向、转速。

（2）具有快速填充、排空的功能（需在最高转速状态下运行）。

（3）具有与上位机通信的功能。

（4）外控信号可以控制启停、方向、转速。

（5）掉电记忆功能；漏电保护功能；过热保护功能。

（6）实验室使用可更换不同泵头。

2. 技术参数

（1）最大参考流量：0.0002～32mL/min。

（2）转速范围：0.1～100r/min，分辨率 0.1r/min。

（3）运转方向：正转/反转，对应指示灯为 CW（绿色）/CCW（蓝色）。

（4）显示方式：三位 LED 数码管显示当前转速。

（5）外控接口：启停控制、方向控制、速度控制。

（6）工作环境：环境温度 0～40℃，相对湿度<80%。

3. 可配套安装的泵头及要求

具体可参见表 1.11.1。

表 1.11.1　配套泵头型号及相关参数

泵头	泵头型号	适用软管	流量参考范围/（mL/min）
	YZ15-1A	13#、14#、19#、16#、25#、17#、18#；壁厚 1.5mm	0.07～380
	YZ25-1A	15#、24#；壁厚 2.5mm	0.2～270
	DG-1A		0.00025～48
	DG-1B	壁厚 0.8～1.0mm	0.0002～32
	DG-2A	内径≤3.17mm A 代表 6 滚轮，B 代表 10 滚轮	0.00025～48（单通道）
	DG-2B		0.0002～32（单通道）
	BZ25-2A	24#；壁厚 2.5mm	0.26～260

4. 多通道泵头——DG 系列功能特点

（1）压管间隙通过棘轮微调，以适应不同壁厚的软管。

（2）6 滚轮结构相对流量稍大，10 滚轮结构流体脉动幅度较小。

（3）巧妙扳机结构，开启卡片便捷（DG-1，DG-2）。

（4）滚轮采用 304 不锈钢材质，耐酸碱和耐有机溶剂。

（5）卡片材质分为聚甲醛（POM）和聚偏二氟乙烯（PVDF）。

5. 蠕动泵使用说明

BT 系列蠕动泵工作状态图可参见图 1.11.2。以型号 BT100J-1A+DG-1B（6 滚轮）为例介绍。

工作面板上有五个按键，分别为启/停（中间位置）、转向（正转和反转，右下角位置）及控制转速的△和▽键（左侧两个键）；另有两个指示灯，分别为正转和反转指示，对应指示灯为 CW（绿色）/CCW（蓝色）。参见图 1.11.3。

图 1.11.2　BT 系列蠕动泵工作状态图　　　图 1.11.3　BT 系列蠕动泵工作面板

单个蠕动泵的操作比较简单。每只泵均可单独操作，速度调节范围为 1～100r/min，控制转速的↑和↓键每按一次速度变化 1，当按住不放松时，速度值将连续变化，越变越快。可参考下文"蠕动泵泵头-软管参考流量曲线"中的转速-流量曲线确定实验需要的流速对应的转速，再通过实际测定确定最终所需转速。工作时，任何时候按停止键，分配器控制蠕动泵停止工作。

6. 蠕动泵泵头-软管参考流量曲线

如图 1.11.4 所示。

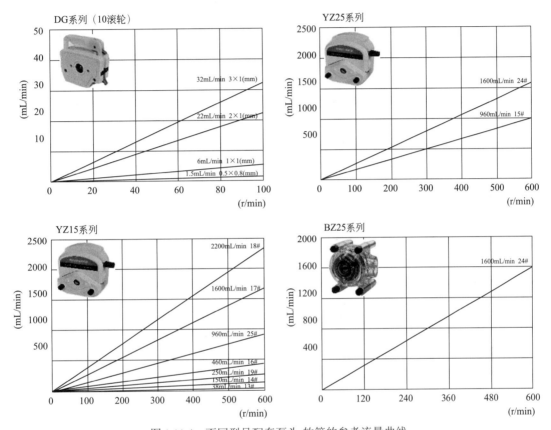

图 1.11.4 不同型号配套泵头-软管的参考流量曲线

7. 产品的保养

（1）实验结束后需用大量清水冲洗胶管以免腐蚀或堵塞。

（2）若长时间不用，应放松胶管以延长胶管的使用寿命。

（3）应保持驱动器及泵头内外清洁，可用软布沾清水擦洗。

（4）易装型泵头是由聚砜塑料制成，使用时切勿接触有机溶剂。

（5）泵头及控制器上的薄膜按键切勿溅上液体。

第二章

生物化学实验

生物化学实验课程是理论教学的深化和补充，具有较强的实践性，是一门重要的技术基础课，可作为生物技术与生物科学等领域学生的必修课。随着生物技术迅速发展，生物专业学生不仅需要掌握生物科学技术方面的基本理论知识，而且还需要掌握基本的实验技能及具备一定的科学研究能力。通过该课程的学习，使学生可以巩固和加深生物科学及生物技术方面的理论知识，通过实践进一步增强学生独立分析问题和解决问题的能力，以及培养综合设计及创新的能力，同时也要注意培养学生具备实事求是、严肃认真的科学态度和良好的实验习惯，为今后工作打下良好基础。

实验一　甲醛滴定法

一、实验目的

了解并掌握甲醛滴定法的原理和方法。

二、实验原理

氨基酸是两性电解质，在水溶液中存在如下平衡：

$$R-\underset{\overset{|}{{}^+NH_3}}{CH}-COO^- \rightleftharpoons R-\underset{\overset{|}{NH_2}}{CH}-COO^- + H^+$$

水溶液中的氨基酸为两性离子，不能直接用碱滴定氨基酸的羧基。用甲醛（HCHO）处理氨基酸，甲醛与氨基结合，形成—NH—CH$_2$OH、—N(CH$_2$OH)$_2$等羟甲基衍生物，NH$_3^+$上的H$^+$游离出来，这样就可以用碱滴定NH$_3^+$放出的H$^+$，测出氨基酸，从而计算出氨基酸的含量。

$$R-\underset{\overset{|}{{}^+NH_3}}{CH}-COO^- \rightleftharpoons R-\underset{\overset{|}{NH_2}}{CH}-COO^- + H^+ \xrightarrow{NaOH} 中和$$

$$\downarrow HCHO$$

$$R-\underset{\overset{|}{NHCH_2OH}}{CH}-COO^-$$

$$\downarrow HCHO$$

$$R-\underset{\overset{|}{N(CH_2OH)_2}}{CH}-COO^-$$

如样品为一种已知的氨基酸，从甲醛滴定的结果可算出氨基氮的含量。如样品为多种氨基酸的混合物（如蛋白质水解液），则滴定结果不能作为氨基酸的定量依据。此外，脯氨酸与甲醛作用后，生成不稳定的化合物，致使滴定结果偏低；酪氨酸的酚基结构，又可使滴定结果偏高。

甲醛滴定法常用以测定蛋白质的水解程度，随水解程度的增加，滴定值也增加，当滴定值不再增加，保持恒定时，表明水解作用已完全。

三、实验材料、仪器及试剂

1. 实验仪器及耗材

电子天平、碱式滴定管、锥形瓶、移液管、胶头移液管、烧杯、量筒、容量瓶、吸水纸、标签纸等。

2. 实验试剂及配制方法

（1）0.5%酚酞乙醇溶液　称 0.5g 酚酞溶于 100mL 60%乙醇中。

（2）0.05%溴麝香草酚蓝溶液　0.05g 溴麝香草酚蓝溶于 100mL 20%乙醇溶液。

（3）1%甘氨酸溶液　1g 甘氨酸溶于 100mL 蒸馏水。

（4）标准 0.100mol/L 氢氧化钠（NaOH）溶液　可用 0.100mol/L 标准盐酸溶液标定。

（5）中性甲醛溶液　甲醛溶液 50mL，加 0.5%酚酞指示剂约 3mL，滴加 0.100mol/L NaOH 溶液，使溶液呈微粉红色，临用前中和。

四、实验步骤

将 3 只 100mL 锥形瓶标以 1 号、2 号、3 号。于 1 号、2 号瓶内各加甘氨酸（或样品）2.0mL 及蒸馏水 5mL；于 3 号瓶内加蒸馏水 7.0mL。向 3 只锥形瓶中各加中性甲醛溶液 5.0mL、0.05%溴麝香草酚蓝溶液 2 滴及 0.5%酚酞乙醇溶液 4 滴。然后用标准 0.100mol/L 氢氧化钠溶液滴定至紫色（pH8.7～9.0）。溶液颜色由黄→绿→紫，紫色为滴定终点。

（1）取 3 只 100mL 锥形瓶，按下表加入试剂。

试剂	样品 1	样品 2	空白
1%甘氨酸溶液/mL	2.0	2.0	/
蒸馏水/mL	5.0	5.0	7.0
中性甲醛溶液/mL	5.0	5.0	5.0
0.05%溴麝香草酚蓝溶液/滴	2	2	2
0.5%酚酞乙醇溶液/滴	4	4	4

（2）混匀后用标准 0.100mol/L 氢氧化钠溶液滴定至紫色（pH8.7～9.0）。

五、注意事项

（1）临近终点时应仔细滴定，切忌滴过量。

（2）甲醛有毒，若不慎接触皮肤，应立即用水冲洗。实验过程应保持良好的通风。

（3）标准氢氧化钠溶液应在使用前标定，并在密闭瓶中保存。不可使用隔日储在微量滴定管中的剩余氢氧化钠。

（4）中性甲醛溶液在临用前配制，若已放置一段时间，则使用前需要重新中和。

（5）本实验为定量实验，甘氨酸和氢氧化钠的浓度要严格标定，加量要准确，全部操作要按分析化学要求进行。

（6）脯氨酸与甲醛作用生成不稳定的化合物，使滴定量（mL）偏低。

六、结果记录及分析讨论

1. 实验结果记录

滴定样品消耗 NaOH 溶液的体积 V_1 和滴定空白消耗 NaOH 溶液的体积 V_0。

2. 1mL 氨基酸溶液中含氨基氮量的计算

$$m = \frac{(V_1 - V_0) \times 1.4008}{2} \tag{2.1.1}$$

式中　m——1mL 氨基酸溶液中含氨基氮的量，mg；

V_1——滴定样品消耗 NaOH 溶液的体积，mL；

V_0——滴定空白消耗 NaOH 溶液的体积，mL；

1.4008——每毫升 0.1mol/L 氢氧化钠溶液相当的氮量，mg/mL。

3. 结果分析讨论

比较实验测得的氨基酸含量是否符合理论含量。试全面分析导致实验产生误差的原因有哪些。

七、思考题

（1）甲醛法测定氨基酸含量的原理是什么？

（2）为什么用 NaOH 溶液滴定氨基酸—NH_3^+ 上的 H^+，不能用一般的酸碱指示剂？

（3）测氨基酸的含量时，甲醛溶液为何事先要加入酚酞并用 NaOH 滴定至微粉红色？

实验二　糖的定量：3,5-二硝基水杨酸比色法

一、实验目的

1. 了解多糖的水解。

2. 掌握以 3,5-二硝基水杨酸法测定糖含量的原理与具体操作方法。

3. 掌握 721 型紫外可见分光光度计的用法。

二、实验原理

还原糖是指含自由醛基或酮基的单糖（如葡萄糖）和某些具有还原性的双糖（如麦芽糖）。它们在碱性条件下，可转变成非常活泼的烯二醇，遇氧化剂时，具有还原能力，烯二醇本身则被氧化成糖酸及其他产物。

黄色的 3,5-二硝基水杨酸（DNS）试剂与还原糖在碱性条件下共热后，自身被还原为棕红色的 3-氨基-5-硝基水杨酸。在一定范围内，反应液里棕红色的深浅与还原糖的含量成正比，在波长为 540nm 处测定溶液的吸光度，查对标准曲线并计算，便可求得样品中还原糖的含量。

单糖都是还原糖，均可以利用其还原性进行定量。双糖和多糖等则不一定就是还原糖，如蔗糖是非还原性的，淀粉的还原性很小。利用糖的溶解度不同，可以把还原糖和非还原糖分离开，然后利用多糖的酸水解，使之转化为有还原性的单糖，从而使多糖也可以利用还原性进行定量。借助于测定还原糖的方法，可推算出总糖的含量。

由于多糖水解时，在每个单糖残基上加了一分子水，因而在计算时，须扣除加入的水量。当样品里多糖含量远大于单糖含量时，则比色测定所得总糖含量应乘以折算系数（$1-\dfrac{18}{180}=0.9$），即可以得到比较接近实际的样品中总糖含量。

还原糖 $\xrightarrow{\text{（碱）}}$ 烯二醇（经碱、加热）→ 糖酸

3,5-二硝基水杨酸（黄色）与 3-氨基-5-硝基水杨酸（棕红色）

计算公式如下：

$$还原糖=\frac{还原糖质量\times样品稀释倍数}{样品质量}\times100\% \tag{2.2.1}$$

$$总糖=\frac{水解后还原糖质量\times样品稀释倍数}{样品质量}\times100\%\times0.9 \tag{2.2.2}$$

三、实验材料、仪器及试剂

1. 实验材料

面粉。

2. 实验仪器及耗材

电子天平、分光光度计、玻璃比色皿、恒温水浴锅、擦镜纸、移液管、胶头移液管、烧杯、量筒、刻度试管、容量瓶、锥形瓶、滴管、玻璃漏斗、洗耳球、滤纸、pH试纸（6～9）、坐标纸、洗瓶、白瓷反应板、试管架、移液管架、试管夹、玻璃棒、吸水纸、标签纸等。

3. 实验试剂及配制方法

（1）葡萄糖标准液（1mg/mL） 预先将分析纯葡萄糖置80℃烘箱内约12h。准确称取500mg葡萄糖于烧杯中，用蒸馏水溶解后，移至500mL容量瓶中，定容，摇匀（冰箱中4℃保存期约一星期）。若该溶液发生混浊和出现絮状物，则应弃之，重新配制。

（2）3,5-二硝基水杨酸试剂（DNS试剂） 准确称取3,5-二硝基水杨酸5.0g，加水适量，水浴（45℃）；慢慢加至200mL 2mol/L NaOH溶液中（不适宜用高温促溶），同时不断搅拌（注意保持溶液的温度不能超过48℃；温度高了，溶液颜色变黑），直到溶液清澈透明；接着加入500mL含130g酒石酸钾钠的溶液，混匀。再加入5g结晶酚（苯酚）和5g亚硫酸钠，继续于45℃水浴加热，补加水适量，不断搅拌，直到加入的物质完全溶解。停止加热，冷却

至室温后，用水定容至 1000mL，储存于棕色瓶中。暗处保存备用。

（3）碘液　称取 5g 碘和 10g 碘化钾，溶于 100mL 水中。注意先在适量水中加入碘化钾，然后加入碘单质。碘单质易溶于碘化钾水溶液，但难溶于水。

（4）酚酞指示剂　称取 0.1g 酚酞，溶于 250mL 70% 乙醇中。

（5）6mol/L HCl 溶液　准确量取 12mol/L HCl 500mL，用水稀释至 1000mL。

（6）6mol/L NaOH 溶液　称取 240g NaOH，加适量水溶解，定容至 1000mL。

四、实验步骤

1. 样品中总糖的提取

（1）取材　称取 0.7g 面粉，准确记录实际质量（W），放入 100mL 锥形瓶中。

（2）溶解　先加几滴蒸馏水调成糊状，再加入 15mL 蒸馏水，最后加入 10mL 6mol/L HCl，搅匀。

（3）水解　将上述溶液置于沸水浴中水解 30min。水浴过程中，用玻璃棒取一滴水解液于白瓷板中，加 1 滴碘液，检查淀粉水解程度。如显蓝色，表明未水解完全，应继续水解。如已水解完全，则不显蓝色，可以取出沸水浴中的锥形瓶，冷却。

（4）中和　加 1 滴酚酞指示剂，加入 10mL 6mol/L NaOH 中和至微红色。

（5）定容　将溶液转移至 100mL 容量瓶（B1）中，定容。

（6）过滤　用滤纸过滤（注意：滤纸不能用蒸馏水湿润）。

（7）稀释　精确吸取滤液 10mL，移入另一个 100mL 容量瓶（B2）中，定容。B2 液作为总糖待测液备用。

2. 标准曲线制作及样品测定

取 8 支 25mL 刻度试管，按下表所示顺序添加试剂并进行相应操作。

| 操作 | 管号 | 空白 | 标准葡萄糖浓度梯度 | | | | | 样品 | |
		0	1	2	3	4	5	I	II
1	葡萄糖标准液/mL	/	0.2	0.4	0.6	0.8	1.0	/	/
2	样品待测液/mL	/	/	/	/	/	/	1.0	1.0
3	蒸馏水/mL	2.0	1.8	1.6	1.4	1.2	1.0	1.0	1.0
4	DNS 试剂/mL	各 2.0							
5	反应	各管混匀，沸水浴 5min							
6	定容	冷却，分别用蒸馏水定容至 25mL							
7	比色	以 0 号管为空白参比，测定 540nm 处的吸光度							
8	吸光度（A_{540}）								

五、注意事项

（1）比色测定的时候，注意使用相同型号的比色皿。取拿比色皿时，手指只能捏住比色皿的毛玻璃面，而不能碰触比色皿的光学表面。

（2）不能用碱溶液或氧化性强的洗涤液洗涤比色皿，也不能用毛刷清洗。

（3）标准曲线测定及样品测定过程中，要保证水浴温度和时间，否则会引起反应不充分而影响实验结果。

六、结果记录及分析讨论

1. 实验结果记录

记录不同葡萄糖浓度下测得的 A_{540} 值，以及两个样品管的 A_{540} 值。

2. 计算面粉中总糖含量

（1）由 0～5 号管的数据，以葡萄糖含量（mg）为横坐标、A_{540} 为纵坐标，在坐标纸上绘制标准曲线。

（2）求两个样品管 A_{540} 的平均值 $\overline{A}_{540}$；由 $\overline{A}_{540}$ 从标准曲线中求样品管中葡萄糖的含量（mg）。

（3）根据公式计算所取的生物材料中总糖含量。

3. 结果分析讨论

查阅文献或资料，比较实验测得的面粉中的总糖含量是否符合理论值？若不符合，试分析原因。

七、思考题

（1）对样品进行总糖提取时，为什么要用浓 HCl 处理？而在其测定前，又为何要用 NaOH 中和？

（2）标准葡萄糖浓度梯度和样品含糖量的测定为什么要同步进行？

（3）比色测定操作要点及其基本原理是什么？比色测定为什么要设计空白管？

（4）总糖包含哪些化合物？用水解后的还原糖含量计算总糖含量时为什么要乘以 0.9？

实验三 植物组织中可溶性总糖的测定

一、实验目的

掌握蒽酮比色法测定糖的原理和方法。

二、实验原理

糖类（包括单糖、双糖、寡糖）在浓硫酸的作用下，可经脱水缩合反应生成糠醛或羟甲基糠醛，生成的糠醛或羟甲基糠醛可与蒽酮反应生成蓝绿色糠醛衍生物，在可见光区的吸收峰为 620nm。在一定范围内，其颜色的深浅与糖的含量成正比，故可用于糖的定量测定。

该法的特点是几乎可以测定所有的糖类化合物，用蒽酮法测出的糖类化合物含量，实际上是溶液中全部可溶性糖类化合物总量。蒽酮法具有很高的灵敏度，适用于糖的微量测定，且试剂简单，操作简便，因而得到普遍应用。

不同的糖类与蒽酮试剂的显色深度不同，果糖显色最深，葡萄糖次之，半乳糖、甘露糖较浅，五碳糖显色更浅，故测定糖的混合物时，常因不同糖类的比例不同造成误差，但测定单一糖类时，则可避免此种误差。

三、实验材料、仪器及试剂

1. 实验材料

新鲜植物组织。

2. 实验仪器及耗材

电子天平、分光光度计、恒温水浴锅、电炉、研钵/研棒、擦镜纸、镊子、剪刀、移液管、洗耳球、胶头移液管、烧杯、试管、玻璃漏斗、量筒、容量瓶、吸水纸、标签纸等。

3. 实验试剂及配制方法

（1）80%浓硫酸

（2）葡萄糖标准溶液（100μg/mL）　准确称取 100mg 分析纯无水葡萄糖，溶于蒸馏水并定容至 100mL，使用时再稀释 10 倍（100μg/mL）。

（3）蒽酮试剂　称取 1.0g 蒽酮，溶于 1000mL 80%浓硫酸中，冷却至室温，储于具塞棕色瓶内，冰箱保存，可使用 2～3 周。

四、实验步骤

1. 标准曲线的制作

取 6 支干净刻度试管，分别编号，按下表加入各试剂。

试剂＼编号	0	1	2	3	4	5
标准葡萄糖溶液/mL	0	0.2	0.4	0.6	0.8	1.0
葡萄糖含量/μg	0	20	40	60	80	100
蒸馏水/mL	1.0	0.8	0.6	0.4	0.2	0
冰水浴 5min						
蒽酮试剂/mL	4.0	4.0	4.0	4.0	4.0	4.0
沸水浴 10min，取出，以自来水冷却，室温放置 10min，在 620nm 处比色						
A_{620}						

按顺序加入表中各试剂，将各管快速摇动混匀，放于沸水浴中 10min，取出冷却，在 620nm 波长下，用空白调零测定光密度，以光密度为纵坐标、葡萄糖含量（μg）为横坐标绘制标准曲线。

2. 样品测定

（1）样品提取　取新鲜植物组织样品 1g，剪碎，放入试管中，加入蒸馏水 2～3mL，在研钵中充分研磨成匀浆，转入具塞锥形瓶中，并用 12mL 蒸馏水冲洗研钵 2～3 次，冲洗液一并转移至具塞锥形瓶，盖上塞子，置于沸水浴中提取 30min，冷却后过滤入 100mL 容量瓶中，再次加水 10mL，沸水浴 30min，一并滤入容量瓶中，待冷至室温，定容至刻度，即为样品待测液。

（2）糖含量测定　吸取待测液 0.5mL，加入试管中，再加蒸馏水 0.5mL，冰水浴 5min，再加入 4mL 蒽酮试剂，沸水浴 10min，取出，以自来水冷却，室温放置 10min，在 620nm 处比色。重复 3 次。

五、注意事项

（1）操作浓硫酸稀释时要小心，注意安全。

（2）蒽酮试剂不能溶于浓度低于 80%的硫酸溶液中。测定样品中含水量不能过多，所用试管应干燥无水，否则蒽酮可能会在测定液中析出，从而影响测定结果。

六、结果记录及分析讨论

1. 实验结果记录

葡萄糖标准曲线的数据记录、标准曲线的绘制。

2. 植物组织材料中总糖含量测定数据记录及结果计算

$$总糖含量 = \frac{cV}{m} \times 100\% \tag{2.3.1}$$

式中 c——从标准曲线查得糖含量，mg/mL；

     V——样品稀释后的体积，mL；

     m——样品的质量，mg。

3. 结果分析讨论

查阅文献或资料，比较实验测得的植物组织中的总糖含量是否符合理论值；若不符合，试分析原因。

七、思考题

（1）有哪些糖可以用蒽酮法测定？

（2）加入蒽酮试剂时为什么样品管要立即冰水浴？

实验四   血清蛋白的醋酸纤维薄膜电泳

一、实验目的

1. 掌握醋酸纤维薄膜电泳的操作。

2. 熟悉电泳技术的一般原理。

二、实验原理

醋酸纤维薄膜电泳是用醋酸纤维薄膜作为支持物的电泳方法。醋酸纤维薄膜由二乙酸纤维素制成，它具有均一的泡沫样的结构，厚度仅 120μm，有强渗透性，对分子移动无阻力，作为区带电泳的支持物进行蛋白电泳有简便、快速、样品用量少、应用范围广、分离清晰、没有吸附现象等优点。目前已广泛用于血清蛋白、脂蛋白、血红蛋白、糖蛋白和同工酶的分离及用在免疫电泳中。

三、实验材料、仪器及试剂

1. 实验材料

血清样品。

2. 实验仪器及耗材

电子天平、常压电泳仪、水平电泳槽、醋酸纤维薄膜（2cm×8cm）、点样器（或 100μL 规格的微量注射器）、培养皿、滤纸、玻璃板（10cm×8cm）、竹镊子、白瓷反应板、烧杯、量筒、容量瓶、吸水纸、标签纸等。

3. 实验试剂及配制方法

（1）巴比妥缓冲液（pH8.6）巴比妥 2.76g、巴比妥钠 15.45g，加水至 1000mL（巴比妥、巴比妥钠分别溶解后再定容至 1L）。

（2）染色液　含氨基黑 10B 0.25g、甲醇 50mL、冰醋酸 10mL、水 40mL（可重复使用）。

（3）漂洗液　含甲醇或乙醇 45mL、冰醋酸 5mL、水 50mL。

（4）透明液　含无水乙醇 7 份、冰醋酸 3 份。

四、实验步骤

1. 浸泡

用镊子取醋酸纤维薄膜 1 张（识别出光泽面与无光泽面，并在角上用笔做记号），放在缓冲液中浸泡 20min。

2. 点样

把膜条从缓冲液中取出，夹在两层粗滤纸间吸干多余的液体，然后平铺在玻璃板上（无光泽面朝上）。将点样器在放置在白瓷反应板上的血清中沾一下，再在膜条一端 2～3cm 处轻轻地、水平地落下并随即提起，这样即在膜条上点上了细条状的血清样品。

3. 制作滤纸桥

先剪裁尺寸合适的滤纸条，取双层滤纸条附着在电泳槽的支架上，使它的一端与支架的前沿对齐，而另一端浸入电泳槽的缓冲液内。用缓冲液将滤纸全部润湿并驱除气泡，使滤纸紧贴在支架上，即为滤纸桥（它是联系醋酸纤维薄膜和两极缓冲液之间的"桥梁"）。

4. 电泳

在电泳槽内加入缓冲液，使两个电极槽内的液面等高，将膜条平悬于电泳槽支架的滤纸桥上。膜条上点样的一端靠近负极。盖严电泳室，通电。调节电压至 160V，电流强度 4～8mA/cm，电泳时间为 1～2h。

5. 染色

电泳完毕后将膜条取下并放在染色液中浸泡 10min。

6. 漂洗

将膜条从染色液中取出后移至漂洗液中漂洗数次，直至无蛋白区底色脱净为止，即可得色带清晰的电泳图谱。定量测定时，可将膜条用滤纸压平吸干，按区带分段剪开，分别浸在 0.4mol/L 氢氧化钠溶液中半小时，并剪取相同大小的无色带膜条作空白对照，在 650nm 处进行比色。或者将干燥的电泳图谱膜条放入透明液中，浸泡 2～3min 后取出贴于洁净玻璃板上，干后即为透明的薄膜图谱，可用光密度计直接测定。

五、注意事项

（1）保持薄膜清洁，务必戴上塑料手套，勿用手指接触薄膜表面，以免油污或污物沾上，影响电泳结果。

（2）加样时一定要呈直线、垂直、分布均匀，这样泳动的区带整齐、不歪，以免影响蛋白质区带图谱的完美。

（3）注意薄膜正负极不要搭反，薄膜的正反不要放反。放的时候注意血样不要与滤纸接触。

六、结果记录及分析讨论

对得到的电泳图谱进行拍照记录，分析所得到的条带数是否有偏差、条带是否清晰、分离是否完全。试全面分析影响电泳效果的原因。

七、思考题

（1）醋酸纤维薄膜作电泳支持物有什么优点？

（2）电泳图谱清晰的关键是什么？如何正确操作？

实验五　蛋白质的沉淀反应

一、实验目的

1. 掌握鉴定蛋白质的原理和方法。

2. 熟悉蛋白质的沉淀反应，进一步熟悉蛋白质的有关反应。

二、实验原理

蛋白质是亲水性胶体，在溶液中的稳定性与蛋白质大小、电荷、水化作用有关，但其稳定性是有条件的、相对的。如果条件发生了变化，破坏了蛋白质的稳定性，蛋白质就会从溶液中沉淀出来。

蛋白质通过盐析沉淀的原理是通过降低蛋白质的溶解度，使蛋白质凝聚而从溶液中析出。利用重金属盐沉淀蛋白质则是利用蛋白质中游离的羧基能与重金属阳离子结合生成不溶性盐类而发生蛋白质沉淀。生物碱与蛋白质结合生成沉淀的原理类似于重金属沉淀法，生物碱是自然界中的一类含氮的碱性有机化合物，能与蛋白质侧链上阳性离子发生酸碱成盐反应而沉淀。乙醇沉淀蛋白质的原理则是通过破坏蛋白质胶体的水化层而使其沉淀析出。

三、实验材料、仪器及试剂

1. 实验材料

卵清蛋白液：鸡蛋清用蒸馏水稀释 10～20 倍，用 3～4 层纱布过滤，滤液于冰箱冷藏备用。

2. 实验仪器及耗材

试管、电子天平、滤纸、玻璃棒、移液管、胶头移液管、烧杯、量筒、容量瓶、吸水纸、标签纸等。

3. 实验试剂及配制方法

（1）饱和硫酸铵溶液　蒸馏水 100mL 加硫酸铵至饱和。

（2）19%醋酸铅溶液。

（3）0.1%硫酸铜溶液。

（4）0.1mol/L 氢氧化钠溶液。

（5）5%三氯乙酸溶液。

（6）95%乙醇。

四、实验步骤

1. 蛋白质盐析作用

取蛋白质溶液 2mL，再加入等量饱和硫酸铵溶液，微微摇动试管，使溶液混合静置数分钟，球蛋白即析出。取上清液于另一支试管，加入硫酸铵粉末，并使用玻璃棒搅拌，至粉末不再溶解为止，析出的即为清蛋白，向两支试管中分别加水稀释，观察沉淀是否溶解。

2. 重金属盐沉淀蛋白质

取试管两支，编号后各加入 2mL 蛋白质溶液，向 1 号管内加 1%醋酸铅溶液，向 2 号管内加 1%硫酸铜溶液，直至有沉淀生成。

3. 生物碱试剂沉淀蛋白质

取试管一支加入 2mL 蛋白质溶液，再加入数滴 5%三氯乙酸，混匀后观察沉淀的出现。

4. 乙醇沉淀蛋白质

取试管一支加入 1mL 蛋白质溶液，再加入 95%乙醇 2mL 混匀，静置片刻后观察有无沉淀析出。

五、注意事项

（1）做蛋白质盐析实验时应先加蛋白质溶液，然后再加入饱和硫酸铵溶液。
（2）固体硫酸铵若加至过饱和会有结晶析出，勿与蛋白质沉淀混淆。
（3）乙醇沉淀蛋白质时加入乙醇速度不能过快，要边加边摇，防止局部过浓。

六、结果记录及分析讨论

观察不同蛋白质沉淀方式中各管的沉淀情况，如实记录实验现象和实验结果，并作出合理解释，同时思考为什么蛋清可用作铅中毒或汞中毒的解毒剂？

七、思考题

（1）盐析时为什么分别用饱和硫酸铵溶液和粉末？
（2）在蛋白质的沉淀反应中，哪些是可逆的，哪些是不可逆的？
（3）促进蛋白质沉淀的因素有哪些？

实验六　肝脏谷丙转氨酶活力测定

一、实验目的

1. 掌握谷丙转氨酶活力的测定方法。
2. 熟悉分光光度计的使用。
3. 了解氨基转移酶的临床意义。

二、实验原理

氨基转移酶（aminotransferase），简称转氨酶，是催化氨基酸与酮酸之间氨基转移的一类酶。肝细胞是转氨酶的主要生存地。当肝细胞发生炎症、中毒、坏死等时会造成肝细胞的受损，转氨酶便会释放到血液里，使血清转氨酶升高，而转氨酶不同程度增高的临床意义各不相同。多种疾病都会造成转氨酶的轻度增高，转氨酶的中度增高多提示着肝炎，而急性传染性肝炎、血清性肝炎会造成转氨酶的显著增高，此时应当及时进行治疗，以防疾病向严重化方面发展。

本实验以丙氨酸及 α-酮戊二酸作为谷丙转氨酶的作用底物，利用内源性磷酸吡哆醛作辅酶，在一定条件及时间作用后测定所生成的丙酮酸的量来确定谷丙转氨酶的酶活力。酶促反应产物丙酮酸能与 2,4-二硝基苯肼结合，生成丙酮酸-2,4-二硝基苯腙，后者在碱性溶液中呈棕色，其吸收光谱的峰为 439～530nm，可用于测定丙酮酸的含量。α-酮戊二酸也能与 2,4-二硝基苯肼结合，生成相应的苯腙，但后者在碱性溶液中的吸收光谱与丙酮酸-2,4-二硝基苯腙稍有差别，在 520nm 波长比色时，丙酮酸-2,4-二硝基苯腙吸光度较 α-酮戊二酸-二硝基苯腙高出约 3 倍。并且，经过转氨基作用后，α-酮戊二酸减少而丙酮酸含量增加，因此，在 520nm 处吸光度增加的程度与反应体系中丙酮酸与 α-酮戊二酸的物质的量之比基本上呈线性关系，故可以测定谷丙转氨酶的活力。

三、实验材料、仪器及试剂

1. 实验材料

新鲜动物肝脏。

2. 实验仪器及耗材

电子天平、紫外可见分光光度计、吸管、剪刀、吸水纸、量筒、烧杯、容量瓶等。

3. 实验试剂及配制方法

（1）谷丙转氨酶底物　称取 0.09g 的 L-丙氨酸和 29.2mg 的 α-酮戊二酸，溶于 0.1mol/L 磷酸盐缓冲液（pH7.4）中，然后用 1mol/L NaOH 调至 pH7.4，再用 0.1mol/L 磷酸盐缓冲液（pH7.4）稀释至 100mL，储藏于冰箱内。

（2）标准丙酮酸溶液（1mL 相当于 500μg）　精确称取纯丙酮酸钠 62.5mg，溶于 100mL 0.05mol/L H_2SO_4 溶液中，此溶液需要现配现用。

（3）0.02% 2,4-二硝基苯肼　称取 20mg 的 2,4-二硝基苯肼，将其溶于少量 1mol/L HCl 中，加热溶解后，再用 1mol/L HCl 稀释至 100mL。

（4）0.1mol/L 磷酸盐缓冲液（pH7.4）　称取 0.269g KH_2PO_4 和 1.397g K_2HPO_4 溶于 100mL 蒸馏水中。

（5）0.4mol/L NaOH 溶液。

（6）生理盐水。

四、实验步骤

1. 实验用肝匀浆制备

（1）肝匀浆的制备　取新鲜动物肝脏，用生理盐水冲洗，以滤纸吸干。称取肝脏 0.25g，用剪刀剪成小块，置于玻璃匀浆管中，加入 2.25mL 事先预冷的 0.1mol/L 磷酸盐缓冲液（pH7.4），制成 10% 肝匀浆，于 4℃保存备用。

（2）稀释肝匀浆（稀释 50 倍）的制备：吸取制备好的肝脏匀浆液 0.1mL 于另一干净试管中，加入 4.9mL 预冷的 0.1mol/L 磷酸盐缓冲液（pII7.4），摇匀，此即为稀释肝匀浆。

2. 谷丙转氨酶活力测定

取试管 4 支，分别标记"测定管""标准管""对照管""空白管"，按下表加液。

试剂 \ 编号	测定管	标准管	对照管	空白管
底物/mL	0.5	0.5	0	0
37℃，水浴 5min				
稀释肝匀浆/mL	0.1	0	0.1	0
标准丙酮酸/mL	0	0.1	0	0.1
充分混匀，37℃水浴 30min				
2,4-二硝基苯肼/mL	0.5	0.5	0.5	0.5
谷丙转氨酶底物/mL	0	0	0.5	0.5
充分混匀，37℃水浴 20min				
0.4mol/L NaOH/mL	5.0	5.0	5.0	5.0
静置 10min，于波长 520nm 处进行比色，记录吸光值				
OD$_{520}$				—

五、注意事项

（1）若实验中使用的是 DL-丙氨酸，则用量需要加倍。

（2）实验中应严格控制酶反应的时间。在进行谷丙转氨酶活力测定时，应事先将标准丙酮酸和肝匀浆在 37℃水浴中保温，然后在管中加入底物，准确计时。

六、结果记录及分析讨论

1. 实验结果记录

读取记录各管在 OD$_{520}$ 处的吸光值，将测定管吸光度减去对照管吸光度然后与标准管相比，算得样品中与其相当的丙酮酸的含量。

2. 谷丙转氨酶活力的计算

计算每毫升稀释肝脏匀浆中谷丙转氨酶活力单位以及每克肝脏组织中谷丙转氨酶的活力单位。

谷丙转氨酶酶活力的定义：温度为 37℃时，酶与底物反应 30min 后，能产生 2.5μg 的丙酮酸为一个酶活力单位。

（1）每毫升稀释肝匀浆谷丙转氨酶活力单位

$$D = \frac{(A-B) \times 500}{C \times 2.5} \tag{2.6.1}$$

式中　D——每毫升稀释肝匀浆中谷丙转氨酶活力单位，U/mL；

A——测定管 OD$_{520}$ 值；

B——对照管 OD$_{520}$ 值；

C——标准管 OD$_{520}$ 值；

500——标准丙酮酸质量浓度，μg/mL；

2.5——谷丙转氨换算单位系数。

（2）每克肝脏组织中谷丙转氨酶酶活力单位

$$D' = \frac{D \times 50 \times 2.5}{0.25} \tag{2.6.2}$$

式中　D'——每克肝脏中谷丙转氨酶酶活力单位，U/g；

D——每毫升稀释肝脏匀浆中谷丙转氨酶活力单位，U/mL；

50——稀释倍数；

2.5——0.25g 肝脏制成 2.5mL 肝脏匀浆；

0.25——0.25g 肝脏。

七、思考题

（1）谷丙转氨酶活力测定中标准管、对照管和空白管的设定目的是什么？

（2）在本实验中测定管值能否大于标准管值？如果测定管值大于标准管值，应该如何处理？

实验七　维生素 C 的定量测定（2,6-二氯酚靛酚滴定法）

一、实验目的

1. 学习并掌握 2,6-二氯酚靛酚法测定维生素 C 的原理和方法。

2. 进一步掌握微量滴定法的基本操作技术。

二、实验原理

维生素 C 是人类营养中最重要的维生素之一，它与体内其他还原剂共同维持细胞正常的氧化还原电势和有关系统的活性。1928 年，研究人员从牛的肾上腺皮质中提取出结晶物质，证明其对治疗和预防坏血病有特殊功效，因此又称为抗坏血酸（ascorbic acid）。

2,6-二氯酚靛酚是一种染料，在碱性溶液中呈蓝色，在酸性溶液中呈红色。抗坏血酸具有强还原性，能将 2,6-二氯酚靛酚还原成无色，本身则氧化成脱氢抗坏血酸。因此，可用 2,6-二氯酚靛酚滴定样品中的还原型抗坏血酸。当溶液中的抗坏血酸全部被氧化成脱氢抗坏血酸时，再滴入 2,6-二氯酚靛酚立即使溶液呈现淡红色，即为终点。如无其他杂质干扰，样品提取液所还原的标准染料量与样品中所含的还原型抗坏血酸量成正比，根据染料消耗量即可计算出样品中还原型抗坏血酸的含量。

三、实验材料、仪器及试剂

1. 实验材料

新鲜蔬菜（辣椒、青菜、番茄等）、新鲜水果（橘子、柑子、橙、苹果等）。

2. 实验仪器及耗材

电子天平、容量瓶（100mL）、锥形瓶（100mL）、微量滴定管、吸管（1.0mL、10.0mL）、研钵、漏斗（φ8cm）、吸水纸等。

3. 实验试剂及配制方法

（1）1%草酸溶液　称取草酸 1g，溶于 100mL 蒸馏水中。

（2）2%草酸溶液　称取草酸 2g，溶于 100mL 蒸馏水中。

（3）标准抗坏血酸溶液（0.1mg/mL）　精确称取 50.0mg 纯抗坏血酸，溶于 1%草酸溶液，将其稀释至 500mL。储于棕色试剂瓶中，冷藏。该试剂最好现配现用。

（4）0.1% 2,6-二氯酚靛酚溶液　称取 500mg 2,6-二氯酚靛酚，溶于 300mL 含有 104mg

NaHCO₃ 的热水中，冷却后加水稀释至 500mL，过滤除去不溶物，储于棕色瓶中，4℃冷藏备用。每次临用时以标准抗坏血酸液标定。

（5）1% HCl。

四、实验步骤

1. 新鲜蔬菜、水果的样液制备

清水洗净，用吸水纸吸干表面水分。称取 20.0g，加 2%草酸 100mL，置于组织搅碎机中打成浆状。称取浆状物 5.0g，倒入 50mL 容量瓶中以 2%草酸溶液稀释至容量瓶刻度。静置 10min 后过滤，留滤液备用。

2. 标准液滴定

准确吸取 0.1mg/mL 标准抗坏血酸溶液 1.0mL 置于 100mL 锥形瓶中，加入 1%草酸溶液 9mL，用微量滴定管以 0.1% 2,6-二氯酚靛酚滴定至淡红色，并保持 15s 即为滴定终点。根据滴定所用染料的体积计算出 1mL 染料相当于多少毫克抗坏血酸。

3. 样液滴定

准确吸取样品滤液两份，每份各 10.0mL，分别放入两个 100mL 锥形瓶内，滴定方法同上一步骤。

五、注意事项

（1）维生素 C 属于不稳定维生素，因此提取过程应力求迅速，以防样品暴露在空气中时间过长而导致维生素 C 被氧化。

（2）滴定过程应迅速，防止还原型抗坏血酸被氧化，滴定过程不宜超过 2min。滴定所用的染料不应少于 1mL 且不多于 4mL，超出或低于此范围，应酌量增减样液或改变提取液稀释度。

（3）市售 2,6-二氯酚靛酚质量不一。如杂质过多，应适当提高浓度，但也不宜过浓，以滴定标准抗坏血酸溶液时，染料用量在 2mL 左右为宜。

（4）浆状物过滤过程中，若浆状物不易过滤，可直接离心取上清液备用。

六、结果记录及分析讨论

1. 实验结果记录

观察并记录实验现象，记录滴定终点时消耗的染料体积。

2. 植物材料中维生素 C 含量的计算

$$m = \frac{VT}{m'} \times 100 \qquad (2.7.1)$$

式中　m——100g 样品中含维生素 C 的质量，mg；

　　　V——滴定时消耗的染料体积，mL；

　　　T——每毫升染料能氧化维生素 C 的质量，mg/mL；

　　　m'——10mL 样液相当于含样品质量，g。

七、思考题

（1）为什么滴定终点以淡红色 15s 内不消失为准？

（2）若样品提取液颜色较深（如番茄、山楂等），对本实验有无影响？该如何解决？

实验八　粗脂肪提取和含量测定

一、实验目的

1. 掌握粗脂肪索氏（Soxhlet）提取的原理和测定方法。
2. 熟悉和掌握重量分析的基本操作，包括样品的处理、定量转移、烘干、恒重等。

二、实验原理

本实验采用重量法对粗脂肪的含量进行测定，该法适用于固体和液体样品，用非极性溶剂将脂肪提出后进行称量。通常将样品浸于非极性溶剂，如乙醚或沸点为 30～60℃的石油醚，借助于索氏提取管进行循环抽提。

索氏提取法提取的脂溶性物质为脂肪类似物的混合物，其中含有脂肪、游离脂肪酸、磷脂、酯、固醇、芳香油、某些色素及有机酸等，因此，称为粗脂肪。用该法测定样品含油量时，通常采用沸点低于 60℃的有机溶剂。此时，样品中结合状态的脂类（脂蛋白）不能直接提取出来，所以该法又称为游离脂类定量测定法。

索氏提取工作原理：索氏提取又名沙式提取，是利用溶剂的回流和虹吸原理，对固体混合物中所需成分进行连续提取。如图 2.8.1 所示为索氏提取器。

萃取前先将固体物质研碎，以增加固液接触的面积。然后将固体物质放在滤纸套内，置于提取管 2 中。提取管 2 的下端与盛有溶剂的圆底烧瓶 5 相连接，上面接回流冷凝管 1。加热圆底烧瓶，使溶剂沸腾，蒸气通过提取管的支管 4 上升，被冷凝后滴入提取管中，溶剂和固体接触进行萃取。当提取管中回流下的溶剂的液面超过索氏提取器的虹吸管 3 的最高处时，含有萃取物的溶剂虹吸回烧瓶，因而萃取出一部分物质。随温度升高，再次回流开始。如此重复，使固体物质不断为纯的溶剂所萃取，将萃取出的物质富集在烧瓶中。

每次虹吸前，固体物质都能被纯的热溶剂所萃取，溶剂反复利用，缩短了提取时间，所以萃取效率较高。

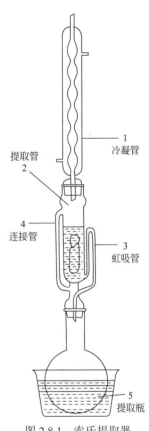

图 2.8.1　索氏提取器

三、实验材料、仪器及试剂

1. 实验材料

花生。

2. 实验仪器及耗材

电子天平、索氏提取装置、烘箱、研钵/研棒、镊子、棉花、吸水纸、标签纸等。

3. 实验试剂及配制方法

石油醚（30～60℃）。

四、实验步骤

1. 样品准备

将花生在 80℃烘箱内烘去水分，烘干时需避免过热。冷却后准确地称取 1g 左右（m_1）放入研钵中研碎，再用滤纸将样品包裹好放入索氏提取管内，研磨后的研钵应用滤纸擦净，并将滤纸放入提取管内。用少量溶剂洗涤研钵，将溶剂倒入提取管中。

2. 抽提

洗净提取瓶于 105℃烘干至恒重，记下其质量（m_2）。装入石油醚达提取瓶容积的一半，连接提取器各部分，不能漏气（不能用凡士林或真空脂）。

3. 加热提取

使石油醚每小时循环 10～20 次，2～2.5h。

4. 溶剂蒸除

拆除索氏提取器，安装冷凝管进行蒸馏。蒸馏蒸去提取瓶中石油醚（必须蒸去所有溶剂才能干燥）。

5. 称量计算

烘干已蒸去溶剂的提取瓶至恒重。在天平上称重，记录质量（m_3）。

五、注意事项

（1）用滤纸将样品包裹好放入索氏提取管时，勿使纸包内样品高于提取管的虹吸部分。

（2）索氏提取装置磨口处为什么不能涂抹凡士林或真空脂？

（3）拆除索氏提取器时，若提取管中仍有少量提取液，需倾斜使其全部流到圆底烧瓶中。

六、结果记录及分析讨论

1. 实验结果记录

记录称取的花生质量 m_1、洗净提取瓶烘干至恒重的质量 m_2 以及烘干已蒸去溶剂的提取瓶至恒重的质量 m_3。

2. 粗脂肪含量计算

$$粗脂肪 = \frac{m_3 - m_2}{m_1} \times 100\%$$

式中　m_3——抽提结束后，已蒸去溶剂的提取瓶烘干至恒重的质量，g；

　　　m_2——抽提开始前，提取瓶烘干至恒重的质量，g；

　　　m_1——样品质量，g。

3. 结果分析讨论

试比较实验测得的花生粗脂肪含量是否符合理论含量。若不符合，试全面分析导致实验误差的原因。

七、思考题

（1）本实验装置磨口处为什么不能涂抹凡士林或真空脂？

（2）索氏提取装置的工作原理是什么？

实验九　动物组织中脱氧核糖核酸的制备及测定

一、实验目的

1. 了解从动物组织提取脱氧核糖核酸的原理。
2. 掌握盐溶液法从动物组织提取脱氧核糖核酸的操作技术。

二、实验原理

细胞中的脱氧核糖核酸（DNA）和核糖核酸（RNA）分别与蛋白质相结合，形成脱氧核糖核蛋白及核糖核蛋白。细胞破碎后，两种核蛋白将混杂在一起。已知这两种核蛋白在不同浓度的盐溶液中具有不同的溶解度，如在 0.15mol/L NaCl 的稀盐溶液中，核糖核蛋白的溶解度最大，脱氧核糖核蛋白的溶解度则最小（仅约为在纯水中的 1%）；而在 1mol/L NaCl 的浓盐溶液中，脱氧核糖核蛋白的溶解度增大，至少是在纯水中的 2 倍，核糖核蛋白的溶解度则明显降低。根据这种特性，调整盐浓度即可把这两种核蛋白分开。在细胞破碎后，用稀盐溶液反复清洗，所得沉淀即为脱氧核糖核蛋白成分。分离得到的脱氧核糖核蛋白，用十二烷基硫酸钠（SDS）使蛋白质成分变性，让 DNA 游离出来，再用含有异戊醇的氯仿沉淀除去变性蛋白质。最后根据核酸只溶于水而不溶于有机溶剂的特点，加入 95%乙醇即可从除去蛋白质的溶液中把 DNA 沉淀出来，获得产品。

当细胞破碎时，细胞内的脱氧核糖核酸酶（DNase）立即开始降解 DNA，所以要及时采取抑制酶活的措施。为此，在实验中加入柠檬酸盐、EDTA 等螯合剂以除去 DNase 必需的 Mg^{2+}，使 DNase 活性降低；同时，整个分离制备的过程均在 4℃以下进行，以减少 DNase 的降解作用；最后加入 SDS 使所有的蛋白质（包括 DNase）变性，失去酶活性。如果希望获得更大分子的 DNA，则在细胞破碎后，及时加入 SDS 使蛋白质（包括 DNase）变性，并加入蛋白酶 K，降解所有的蛋白质成为碎片或氨基酸，及时阻止 DNase 的降解作用。

DNA 的含量及纯度可用紫外吸收法、定磷法及化学法等测定。紫外吸收法测定核酸含量的原理是 DNA 和 RNA 都有吸收紫外光的性质，它们的吸收高峰在 260nm 波长处。吸收紫外光的性质是嘌呤环和嘧啶环的共轭双键系统所具有的，所以嘌呤和嘧啶以及一切含有它们的物质，不论是核苷、核苷酸或核酸都有吸收紫外光的特性，核酸和核苷酸的摩尔消光系数用 $\kappa(P)_{260nm}$ 来表示，$\kappa(P)_{260nm}$ 为每升溶液中含有 1mol 核酸磷的光吸收值。RNA 的 $\kappa(P)_{260nm}$（pH7）为 7700～7800，RNA 的含磷量约为 9.5%，因此每 1mL 溶液含 1μg RNA 的光吸收值相当于 0.022～0.024。小牛胸腺 DNA 钠盐的 $\kappa(P)_{260nm}$（pH7）为 6600，含磷量为 9.2%，因此 1mL 溶液含 1μg DNA 的钠盐光吸收值为 0.020。

蛋白质由于含有芳香氨基酸，因此也能吸收紫外光。通常蛋白质的吸收高峰在 280nm 波长处，在 260nm 处的吸收值应为核酸的十分之一或更低，故核酸样品中蛋白质含量较低时对核酸的紫外测定影响不大。RNA 的 260nm 与 280nm 吸收的比值在 2.0 以上；DNA 的 260nm 与 280nm 吸收的比值则在 1.9 左右。当样品中蛋白质含量较高时比值即下降。

将样品配制成 1mL 含 5～50μg 核酸的溶液，于紫外分光光度计上测定 260nm 和 280nm 处的吸收值，计算核酸浓度和两者吸收比值。

三、实验材料、仪器及试剂

1. 实验材料

动物肝脏。

2. 实验仪器及耗材

电子天平、组织捣碎机、玻璃匀浆器、常速冷冻离心机、高速冷冻离心机、紫外分光光度计、石英比色皿、离心管（10mL）、EP 离心管（2mL）、烧杯（500mL）、培养皿（9cm）、吸管、竹镊子、剪刀、擦镜纸、镊子、解剖刀柄及刀片或工具刀、移液管、移液枪及对应规格枪头、胶头移液管、烧杯、量筒、容量瓶、吸水纸、标签纸等。

3. 实验试剂及配制方法

（1）0.15mol/L NaCl-0.015mol/L 柠檬酸钠溶液（pH 7.0）　称取 8.77g NaCl、4.41g 柠檬酸钠（$Na_3C_6H_5O_7 \cdot 2H_2O$），用约 800mL 蒸馏水溶解后，调节 pH 至 7.0，最后定容至 1000mL。

（2）0.15mol/L NaCl-0.1mol/L Na_2EDTA 溶液（pH 8.0）　称取 8.77g NaCl、37.2g Na_2EDTA 溶于约 800mL 蒸馏水中，以 NaOH 调 pH 至 8.0，最后定容至 1000mL。

（3）5%十二烷基硫酸钠（SDS）溶液　称取 5g SDS 溶于 45% 100mL 的乙醇中。

（4）氯仿-异戊醇溶液　按氯仿：异戊醇=24：1 配制。

（5）pH8.0 TE 缓冲液　10mmol/L Tris-HCl，1 mmol/L Na_2EDTA。

（6）6mol/L NaCl 溶液　称取 34.8g NaCl，溶于约 100mL 蒸馏水中。

（7）95%乙醇 1000mL。

（8）75%乙醇 1000mL。

四、实验步骤

1. 样品清洗

以新鲜鸡肝脏作材料（其他动物肝脏也可以）。实验前鸡应饥饿 24h 以上，以避免糖原的干扰。称取约 1g 肝脏组织浸入预先冷却的 0.15mol/L NaCl-0.015mol/L 柠檬酸钠溶液中。除去脂肪、血块等杂物，再用少量溶液反复洗涤数次，直至组织块无血为止。

2. 将洗净的组织剪成碎块

先加入 2mL 0.15mol/L NaCl-0.015mol/L 柠檬酸钠溶液，于研钵中迅速捣成匀浆，再放入玻璃匀浆器中匀浆 2～3 次，使细胞充分破碎。最后加入 0.15mol/L NaCl-0.015mol/L 柠檬酸钠溶液至 5mL，转入 10mL 离心管中。

3. 去除核糖核酸蛋白

匀浆液在常温下于 6000r/min 离心 15min，弃上清液。在沉淀中加入 4 倍体积冷的 0.15mol/L NaCl-0.015mol/L 柠檬酸钠溶液，搅匀，6000r/min 离心 15min，弃上清液。重复此操作 1～2 次，尽量洗去可溶的部分。最后弃去上清液，留沉淀。

4. 蛋白质变性

将沉淀物悬浮于 4 倍体积的 0.15mol/L NaCl-0.1mol/L Na_2EDTA 溶液中，搅匀，而后边搅拌边慢慢滴加 5% SDS 溶液，直至 SDS 的最终浓度达 1%为止（应加 1 个体积）。此时溶液变得十分黏稠，若不黏稠应重做。然后，加入 6mol/L NaCl 溶液使最终浓度达 1mol/L（应加 1 个体积）。继续搅拌 15min，以确保 NaCl 全部溶解，此时可见溶液由稠变稀薄。

5. 去除蛋白质

将上述混合溶液倒入一个新的 10mL 离心管中（若使用 1.5mL 离心管，可分装于多个离心管），加入等体积的氯仿-异戊醇，振荡 10min。室温下以 3000r/min 离心 10min，此时可见离心液分为 3 层：上层为水溶液，中层为变性蛋白块，下层为氯仿-异戊醇。小心吸取上层水相，记录体积，放入一个新的离心管中（前面分装的多个 1.5mL 离心管的上层水相此时可集中至一个离心管中），再加入等体积氯仿-异戊醇，振荡，离心，如此重复抽提 1～2 次，除净蛋白质。

6. 沉淀 DNA 分子

最后一次离心后，小心吸取上层溶液（不要吸取下层有机相），放入一个新的干燥的离心管中，加入 2 倍体积预冷的 95%乙醇。–20℃静置 20min，以 10000r/min 离心 1min，弃去上清液，留沉淀。

7. 溶解、测定

将离心管中沉淀溶于 pH8.0 TE 缓冲液或 ddH_2O 中（视沉淀多少而定，一般为 250～1000μL），按 200μg/mL 的 DNA 浓度加入溶液。在紫外分光光度计上，测定溶液的 A_{260}/A_{280} 的值（应大于 1.85，若小于 1.85，则说明含杂蛋白和 DNA 高）。

五、注意事项

（1）生物体内各部位的 DNA 是相同的，但取材时以含量丰富的部位为主，如动物的肝脏、脾、肾、血液等。所有材料，必须新鲜及时使用，或放入–20℃冰箱或于液氮中冷冻保存。

（2）为保证获得大分子 DNA，操作时应避免剧烈振摇或采用过大的离心力。转移吸取 DNA 时不可用过细的吸头，不可猛吸猛放，更不能用细的吸头反复吹吸。

六、结果记录及分析讨论

1. 实验结果记录

利用紫外分光光度法分别测定溶液在 260nm 和 280nm 处的吸光值 A_{260} 和 A_{280}。

2. A_{260}/A_{280} 比值和 DNA 浓度的计算

（1）将测得的溶液在 260nm 和 280nm 处的吸光值 A_{260} 和 A_{280} 进行 A_{260}/A_{280} 比值计算。DNA 的 A_{260}/A_{280} 比值在 1.9 左右，样品中蛋白质含量较高时比值即下降。

（2）所得到的 DNA 的浓度计算

$$\text{RNA浓度（μg/mL）} = \frac{A_{260}}{0.024L} \times \text{稀释倍数} \qquad (2.9.1)$$

$$\text{DNA浓度（μg/mL）} = \frac{A_{260}}{0.020L} \times \text{稀释倍数} \qquad (2.9.2)$$

式中　A_{260}——260nm 波长处的光吸收值；

　　　L——比色池的厚度，一般为 1cm 或 0.5cm；

　0.024——每毫升溶液内含 1μg RNA 的光吸收值；

　0.020——每毫升溶液内含 1μg DNA 钠盐时的光吸收值。

3. 结果分析讨论

查阅文献资料，通过实验结果分析评估得到的 DNA 的质量。结合实验原理、实验步骤，试全面分析影响 DNA 浓度和纯度的原因。

七、思考题

（1）去除核糖核酸蛋白步骤中，重复离心，尽量洗去可溶部分的目的是什么？

（2）根据核酸在细胞内的分布、存在方式及其特性，提取过程中相应采取了什么样的措施？

第三章 分子生物学实验

分子生物学是生命科学中公认的核心学科之一，它的诞生与发展不仅使人类对生命现象本质的认识深入到分子水平，且其基本理论和研究方法已经渗透到生命科学的各个领域并促进了一批新学科的兴起和发展，因而也成为生命科学类相关专业重要的基础理论课程。目前以分子生物学为基础的基因克隆重组技术已成为现代生物技术的核心。本章实验课的任务是熟练掌握有关分子生物学实验操作的基本技术以及分子生物学研究所需仪器的基本使用，培养学生科学、严谨、实事求是的科学素养及分析问题和解决问题的能力。

实验一 DNA 的琼脂糖凝胶电泳

一、实验目的

1. 掌握琼脂糖凝胶电泳的原理。
2. 掌握琼脂糖凝胶电泳的方法和操作过程。

二、实验原理

琼脂糖凝胶电泳是用于分离、鉴定和提纯 DNA 片段的标准方法。琼脂糖是从琼脂中提取的一种多糖，不带电荷但具有一定的亲水性，是一种很好的电泳介质。将琼脂糖粉末加热到熔点后冷却凝固可形成良好的无反应活性的电泳介质，其分辨能力与浓度有关。在 pH 为 8.0～8.3 时，核酸分子碱基几乎不解离，而磷酸全部解离，因此核酸分子带负电，在电泳时向正极移动。采用适当浓度的琼脂糖凝胶介质作为电泳支持物，在分子筛的作用下，使分子大小和构象不同的核酸分子迁移速率出现较大的差异，从而达到分离核酸片段、检测目的 DNA 片段大小的目的。核酸分子中嵌入荧光染料[如溴化乙锭（EB）]后，在紫外灯下可观察到核酸片段所在的位置，就可以用来鉴定、分离 DNA 分子。

三、实验材料、仪器及试剂

1. 实验材料
植物基因组 DNA、质粒或用限制性内切酶消化后的质粒、PCR 产物等。
2. 实验仪器及耗材
电子天平、水平电泳槽、制胶板、琼脂糖凝胶电泳仪、紫外透射仪或紫外凝胶成像仪、微波炉、移液枪、枪头、锥形瓶、一次性手套等。
3. 实验试剂及配制方法
（1）琼脂糖
（2）1×TAE 电泳缓冲液

① 配制 EDTA 储存液（以 500mL，0.5mol/L EDTA 为例） 称取 93.05g Na$_2$EDTA，溶解在 400mL 去离子水中，用 1mol/L NaOH 溶液调节 pH 至 8.0，使 EDTA 完全溶解，定容至 500mL，保持溶液 pH 为 8.0。

② 配制 50×TAE 储存液 称量 242g Tris 碱溶解在 400mL 去离子水中，加入 57.1mL 冰醋酸、100mL 0.5mol/L EDTA（pH8.0），定容至 1L，常温储存（此时 pH 约为 8.5）。

③ 配制 TAE 工作液（40mmol/L Tris-Ac，1mmol/L EDTA）稀释 50×TAE 储存液至 1×TAE 工作电泳液。

（3）6×上样缓冲液 称取 0.25g 溴酚蓝溶解于 50mL 去离子水中，加入 30mL 甘油，混匀后，定容至 100mL，分装成小管备用。

（4）10mg/mL 溴化乙锭溶液 称取 0.1g 溴化乙锭固体粉末，将其溶解在 10mL 去离子水中，分装成小管备用。

（5）DNA 大小标准品（DNA 标记）。

四、实验步骤

1. 将洗净、干燥的制胶板水平放置在工作台上。

2. 选择合适大小的梳子并将其插入制胶板的一侧。

3. 称取 0.5g 琼脂糖于合适的锥形瓶中，加入 50mL 1×TAE，在微波炉中使琼脂糖颗粒完全溶解，冷却至 50℃左右时加入 3μL 10mg/mL 的溴化乙锭，轻轻混匀倒入制胶板中。

4. 待凝胶凝固后，竖直向上小心拔去梳子。

5. 将制胶板放入电泳槽中（插梳子端朝向负极），加入 1×TAE 电泳缓冲液，没过琼脂糖凝胶，赶走点样孔中的气体。

6. 将电泳样品与 6×上样缓冲液混合，用移液枪依次将其点入加样孔中（记得加入 DNA 标记）。

7. 打开电泳仪，使核酸样品向正极泳动；电泳完成后关掉电源，取出凝胶，置于紫外透射仪上观察电泳结果，并拍照记录电泳结果。

五、注意事项

（1）溴化乙锭为致癌剂，操作时应戴手套，且注意区分电泳室的污染区与非污染区。

（2）样品在点样孔停留时间不宜过长，否则样品会飘出点样孔，导致目的条带弥散。

（3）跑出的 DNA 带模糊的原因

① DNA 降解：避免核酸酶污染。

② 电泳缓冲液不新鲜：电泳缓冲液多次使用后，离子强度降低，pH 值上升，缓冲能力减弱，从而影响电泳效果。建议经常更换电泳缓冲液。

③ 所用电泳条件不合适：电泳时电压不应超过 20 V/cm，温度<30℃。

④ DNA 上样量过多导致样品溢出点样孔，从而使条带弥散，应减少凝胶中的 DNA 上样量。

（4）跑出的 DNA 条带弱或无条带的原因

① 样品 DNA 浓度过低：需重新制备 DNA 样品。

② DNA 的上样量不够：增加 DNA 的上样量。

③ DNA 样品放置时间太久或保存条件不宜导致 DNA 降解。

④DNA 跑出凝胶：正确连接电极方向，避免插反的情况，缩短电泳时间，降低电压，增加凝胶浓度。

六、结果记录及分析讨论

1. 实验结果记录

拍照记录实验结果。

2. 实验结果分析

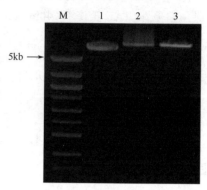

说明不同泳道的样品，描述其电泳条带大小、亮度、清晰度等，以及是否有拖带、是否有非特异性条带，且分析其可能原因。

3. 实验结果示例

如图 3.1.1 所示，泳道 1 为未酶切的载体，泳道 2 和 3 为单酶切后的产物，其条带清晰单一。酶切后质粒被线性化，其电泳速度比未酶切的超螺旋结构跑得慢。泳道 M 为分子量标准。

图 3.1.1　载体酶切电泳图

七、思考题

（1）影响 DNA 在琼脂糖凝胶中迁移速率的因素有哪些？

（2）常用核酸电泳的指示剂有哪些？

实验二　紫外分光光度法分析 DNA 浓度与纯度

一、实验目的

1. 掌握用紫外分光光度法分析 DNA 浓度与纯度的基本原理。

2. 掌握用紫外分光光度法分析 DNA 浓度与纯度的计算方法和操作过程。

二、实验原理

核酸分子（DNA 和 RNA）中的碱基（A、T、G、C）存在共轭双键，其在 260nm 处具有强吸收峰，所以通过测定 260nm 处的吸收峰即可对 DNA 进行定量。核酸样品中往往还含有蛋白质，其在 280nm 处具有强吸收峰，因此测定 A_{260}/A_{280} 值，可以判断 DNA 的纯度。纯化的 DNA 及 RNA 的 A_{260}/A_{280} 值应分别接近 1.8 及 2.0，当溶液中含有蛋白质时，A_{260}/A_{280} 值会降低。原溶液核酸浓度（μg/mL）=A_{260}×转换因子×稀释倍数。其中 1 OD 双股 DNA 的转换因子为 50μg/mL；1 OD 单股 DNA 为 33μg/mL；1 OD RNA 为 40μg/mL。

三、实验材料、仪器及试剂

1. 实验材料

植物基因组 DNA、质粒或纯化后的 PCR 产物等。

2. 实验仪器及耗材

紫外分光光度计、移液器、枪头、5mL 离心管。

3. 实验试剂及配制方法

TE 缓冲液（Tris-EDTA 缓冲液）：10mmol/L Tris-HCl（pH8.0），1mmol/L EDTA（pH8.0）。

四、实验步骤

1. 将紫外分光光度计接通电源后，打开开关，紫外分光光度计开始预热并对光路和分析软件进行自动检测。

2. 将待检测的样品用 TE 缓冲液稀释 50 倍。

3. 将空白对照（为 TE 缓冲液）和稀释后的样品分别加入不同的比色皿中，并放入紫外分光光度计样品槽中，设定好参数按下归零键，仪器自动归零（注意空白对照放入归零位置）。

4. 分别测定样品在 260nm 和 280nm 处的吸光度，待读数稳定后，每个样品测量 3 次，记录读数结果并取平均值。

5. 取出比色皿，用去离子水冲洗干净晾干后，放入比色皿盒中，关闭开关和电源。

6. 计算 DNA 浓度、纯度。

五、注意事项

（1）空白对照通常为稀释 DNA 溶液的溶剂。

（2）开机后，应预热以保证仪器读数准确稳定。

六、结果记录及分析讨论

1. 实验结果记录

分别记录 A_{260}、A_{280} 的三次不同读数，并求得平均值。

2. 计算

求出 DNA 的浓度及 A_{260}/A_{280}。

根据 A_{260}/A_{280} 值，分析 DNA 样品中的污染物及纯化方式。

3. 实验结果示例

从百合中提取 gDNA（基因组 DNA），稀释 50 倍后，测定 A_{260}/A_{280}。

读数结果记录：三次 A_{260} 读数分别为 1.87、1.88、1.86；三次 A_{280} 读数分别为 1.07、1.05、1.09。求得 A_{260} 和 A_{280} 的平均值分别为 1.87、1.07。根据原溶液核酸浓度（μg/mL）=A_{260}×转换因子×稀释倍数得到，

$$原溶液 DNA 浓度（μg/mL）=1.87×50μg/mL×50=4.67mg/mL$$

A_{260}/A_{280}=1.87/1.05=1.78<1.8，表明样品中存在蛋白质或酚类等杂质污染，可采用苯酚-氯仿-异丙醇（25∶2∶1）进一步纯化。

若 A_{260}/A_{280}>1.8，表明样品中存在 RNA 杂质污染，可采用 RNA 酶在 37℃水浴 1h 除去 RNA。

七、思考题

（1）如有酚类污染，其 A_{260}/A_{280} 值会如何？

（2）是否可以用去离子水作为空白对照？

实验三　CTAB法提取植物基因组DNA

一、实验目的

1. 掌握CTAB法提取植物基因组DNA的基本原理。
2. 掌握CTAB法提取植物组织中DNA的操作过程。

二、实验原理

常用的植物基因组DNA（gDNA）的提取方法有十六烷基三甲基溴化铵（cetyltrimethylam-monium bromide，CTAB）法、SDS法等。CTAB是一种阳离子去污剂，能除去细胞壁中的多糖成分，溶解细胞膜，使核蛋白解聚，从而释放DNA，再用氯仿和异戊醇作有机相来分离裂解后的各种细胞组分，包括蛋白质、糖类和酚类等有机物，并使之与溶解在水相中的DNA分离。然后利用异丙醇或无水乙醇将DNA分子从水相中沉淀出来，经75%乙醇洗涤后，最后用TE缓冲液或者水溶解。

三、实验材料、仪器及试剂

1. 实验材料

新鲜植物叶片、花或其他幼嫩的组织。

2. 实验仪器及耗材

高速离心机、恒温水浴锅、陶瓷研钵、移液器、吸水纸、无菌枪头、1.5mL离心管、1.5mL离心管插板、液氮，琼脂糖凝胶电泳相关仪器耗材见本章实验一。

3. 实验试剂及配制方法

（1）CTAB提取缓冲液　2%CTAB，1.4mol/L NaCl，100mmol/L Tris-HCl（pH8.0），20mmol/L EDTA（pH 8.0）。

（2）氯仿-异戊醇（24∶1）。

（3）异丙醇。

（4）70%乙醇。

（5）TE缓冲液（Tris-EDTA缓冲液）　10mmol/L Tris-HCl（pH8.0），1mmol/L EDTA（pH8.0）。

四、实验步骤

1. 取0.1～0.5g新鲜植物组织洗净，用吸水纸吸干放入研钵中，加入液氮，迅速研磨成粉末，并转移至1.5mL的离心管中。

2. 用移液枪加入500μL CTAB提取缓冲液，65℃水浴30min（时间可以适当延长），期间上下颠倒离心管，充分混合均匀。

3. 取出离心管，以12000r/min离心1min。

4. 将上清液转移至新的离心管中。

5. 用移液枪加入等体积的氯仿-异戊醇剧烈振荡混匀，12000r/min离心10min，将上层水相转移至新的离心管中（注意，尽量不要混入氯仿）。

6. 加入等体积的异丙醇，轻轻混匀，使DNA成团，置于-20℃沉淀30min（时间可以延长）。

7. 常温下以 12000r/min 离心 10min，去掉上清液（从离心管中倒出后，将试管反扣在吸水纸上吸干）。

8. 将沉淀用 70%乙醇清洗 1 次，10000r/min 离心 1min，去上清液。

9. 重复步骤 8。

10. 将沉淀放置于超净工作台或者实验台上晾干。

11. 加入 50μL 的水或 TE 缓冲液溶解沉淀。如要去除 RNA 则需另加入 RNase 于 37℃水浴 30min，消化 RNA。

12. 取适量基因组 DNA 样品，电泳检测。提取的 DNA 可以放至-20℃保存。

五、注意事项

（1）氯仿为有毒有机试剂，使用时应小心，切勿接触皮肤。

（2）实验材料要新鲜，尽量取幼嫩组织，容易破碎。

（3）样品应充分研磨，以保证细胞完全裂解。

（4）若提取的产物有颜色，可能是材料中含有较多的多酚类物质，需添加 β-巯基乙醇，防止多酚类物质氧化成醌类物质，避免氧化后的酚类物质与 DNA 共价结合，使 DNA 呈棕色或褐色，质量下降。同时应尽可能选取幼嫩的组织材料。

（5）若点样孔有亮带，表明可能有蛋白质污染，可用苯酚-氯仿-异戊醇去除蛋白质。

（6）CTAB 在 15℃以下会有沉淀，使用前应于 65℃预热使沉淀溶解。

六、实验记录及结果分析

1. 实验结果

拍照记录琼脂糖凝胶电泳图，记录不同泳道的 DNA 样品。指出目的 gDNA 条带大小，并分析其亮度和清晰度。描述非目的条带大小、清晰度及可能为何种成分，并分析可能的原因和纯化方法。

2. 实验结果示例

如图 3.3.1 所示，1～6 号泳道分别为 CTAB 法提取的百合、桑叶、红花檵木、香樟、映山红、拟南芥叶片的 gDNA，可见 gDNA 条带清晰，电泳前面有弥散的亮带，表明有 RNA 污染，可以用 RNA 酶于 37℃处理 1h 进行纯化。在 gDNA 后还有一条较弱的条带，可能是蛋白质污染，可以用苯酚-氯仿-异戊醇（25：24：1）进一步纯化，但是纯化过程中会有 DNA 损失。

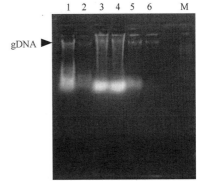

图 3.3.1　CTAB 法提取不同物种 gDNA 的琼脂糖凝胶电泳图

七、思考题

CTAB 提取缓冲液中加入 EDTA 的作用是什么？

实验四　SDS 法提取植物基因组 DNA

一、实验目的

1. 学习掌握 SDS 法提取基因组 DNA 的方法。

2. 理解掌握 SDS 法提取基因组 DNA 的基本实验原理。

二、实验原理

十二烷基硫酸钠是一种阴离子表面活性剂，能结合细胞膜和核膜，使核蛋白解聚，从而使 DNA 游离出来。利用含高浓度 SDS 的抽提缓冲液在较高温度（55～65℃）条件下裂解植物细胞使染色体离析，蛋白质变性，释放出核酸，然后通过提高离子浓度（KAc）和降低温度（冰上保温）的办法沉淀除去蛋白质和多糖（在低温条件下 KAc 与蛋白质及多糖结合成不溶物），离心除去沉淀后，上清液中的 DNA 用氯仿-异戊醇抽提后再用乙醇沉淀水相中的 DNA，经 75%乙醇洗涤晾干后，用 TE 缓冲液或水溶解 DNA。

三、实验材料、仪器及试剂

1. 实验材料

新鲜植物叶片、花或者其他幼嫩的组织。

2. 实验仪器及耗材

高速离心机、恒温水浴锅、陶瓷研钵、移液器、吸水纸、无菌枪头、1.5mL 离心管、1.5mL 离心管插板、液氮、琼脂糖凝胶电泳相关仪器耗材见本章实验一。

3. 实验试剂及配制方法

（1）1% SDS 提取液　（0.1mol/L Tris，0.5mol/L NaCl，50mmol/L EDTA，pH8.5）　分别称取 14.6g Na_2EDTA、29g NaCl、12.1g Tris 碱溶解于 800mL 的去离子水中，再加入 100mL 的 10%的 SDS 溶液，搅拌均匀后，用 HCl 调节 pH 至 8.0，定容至 1 L。

（2）氯仿-异戊醇（24∶1）。

（3）异丙醇。

（3）5mol/L 醋酸钾　（1 L）　称取 49.1g KAc 溶解到 80mL 蒸馏水中，用冰醋酸调 pH 至 5.2，定容至 100mL，高压灭菌备用。

（4）1×TE 溶液（10mmol/L Tris，1mmol/L EDTA，pH8.0）　在 500mL 水中加入 1.211g Tris 碱、0.372g Na_2EDTA，用 HCl 调 pH 至 8.0，定容至 1 L，高压灭菌备用。

四、实验步骤

1. 植物组织的粉碎：取 0.1～0.5g 新鲜植物组织洗净移入研钵中，加入液氮，迅速研磨成粉末，并转移至 1.5mL 的离心管中。

2. 加入 800μL 的 1% SDS 提取液，振荡混匀。37℃水浴 30min（水浴过程中上下颠倒混匀）。12000r/min，离心 10min。

3. 用移液枪取 650 μL 的上清液至一干净的 1.5mL 离心管，加入等体积氯仿-异戊醇，充分混匀。12000r/min，离心 10min。

4. 用移液枪取 450 μL 的上清液至干净的 1.5mL 离心管，加入 450 μL 的异丙醇和 45 μL 的 5mol/L 醋酸钾（pH5.2），轻轻混匀，于−20℃放置 30min（有利于 DNA 析出）。

5. 以 12000r/min，离心 10min。弃上清液，加入 600 μL 的 75%乙醇溶液，洗涤两次。

6. 弃上清液，用移液枪吸尽残留酒精溶液，于超净台中晾干（约 10min），加入 50 μL 的 1×TE 或 ddH_2O 溶解。

7. 取适量基因组 DNA 样品，电泳检测。提取的 DNA 可以放于−20℃保存。

五、注意事项

（1）液氮使用时应小心，避免溅到手上导致冻伤。

（2）植物材料应选择幼嫩的组织部位来提取 DNA，这些组织容易破碎且代谢产物少。

（3）样品应充分研磨，保证细胞完全裂解，研磨好的材料应与提取液充分混匀。

（4）氯仿/异戊醇分层后应吸取上清液，避免吸取到下层溶液。

（5）若提取的产物有颜色，可能是材料中含有较多的多酚类物质，需添加 β-巯基乙醇，以防止多酚类物质氧化成醌类物质，避免氧化后的酚类物质与 DNA 共价结合，使 DNA 呈棕色或褐色，质量下降，同时应尽可能选取幼嫩的组织材料。

六、结果记录及分析讨论

1. 实验结果

拍照记录琼脂糖凝胶电泳图，记录不同泳道的 DNA 样品。指出目的 gDNA 条带大小，并分析其亮度和清晰度。描述非目的条带大小、清晰度及可能为何种成分并分析其可能的原因和后续可能优化的纯化方法。

2. 实验结果示例

如图 3.4.1 所示，通过 SDS 法提取百合西伯利亚叶片中的基因组 DNA，片段较大，条带亮度高，表明提取的 gDNA 含量高，但是泳道前面有弥散的信号，可能是部分 gDNA 片段断裂。另外，泳道中还出现了几条较小、较暗的条带，可能是 RNA 污染。RNA 污染不影响后续分子生物学实验，若需除去，则可以用 RNA 酶，于 37℃处理 1h 进行纯化。

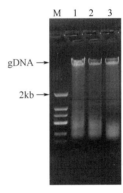

图 3.4.1 PCR 产物琼脂糖凝胶电泳检测图

1～3—从百合西伯利亚中提取的 gDNA；M—分子量标准

七、思考题

DNA 提取过程中，醋酸钾的作用是什么？

实验五 大肠杆菌基因组 DNA 的提取

一、实验目的

1. 理解溶菌酶-CTAB-蛋白酶 K 法提取大肠杆菌基因组 DNA 的原理。
2. 掌握大肠杆菌基因组 DNA 的提取方法及基本的操作过程。

二、实验原理

溶菌酶（lysozyme）又称胞壁质酶（muramidase）或 N-乙酰胞壁质聚糖水解酶（N-acetylmuramide glycanohydrolase），它是一种能水解细菌中黏多糖的碱性酶。溶菌酶主要通过破坏细胞壁中的 N-乙酰胞壁酸和 N-乙酰氨基葡萄糖之间的 β-1,4-糖苷键，使细胞壁的不溶性黏多糖分解成可溶性糖肽，导致细胞壁破裂、内容物逸出而使细菌溶解。而蛋白酶 K 是一种从白色念珠菌分离出来的强力蛋白质溶解酶，具有很高的比活性，是 DNA 提取的关键试剂。该酶在较广的 pH 范围（4～12.5）内及高温（50～70℃）下均有活性，常用于质粒或基因组 DNA、RNA 的分离。在 DNA 提取中，主要作用是酶解与核酸结合的组蛋白，使 DNA 游离在溶液中。

CTAB 是一种阳离子去污剂，能除去细胞壁中的多糖成分，溶解细胞膜，使核蛋白解聚，从而释放 DNA，用氯仿和异戊醇作有机相来分离裂解后的各种细胞组分，包括蛋白质、糖类和酚类等有机物，使之与溶解在水相中的 DNA 分离。然后利用异丙醇或无水乙醇将 DNA 分子从水相中沉淀出来，经 75%乙醇洗涤后最后用 TE 缓冲液或者水溶解。

三、实验材料、仪器及试剂

1. 实验材料

大肠杆菌。

2. 实验仪器及耗材

高速离心机、恒温水浴锅、陶瓷研钵、移液器、吸水纸、无菌枪头、1.5mL 离心管、1.5mL 离心管插板，琼脂糖凝胶电泳相关仪器耗材见本章实验一。

3. 实验试剂

（1）LB 液体培养基　称取蛋白胨 1g、酵母提取物 0.5g、NaCl 1g，溶解在 80mL 去离子水中。搅拌溶解后，用 NaOH 调 pH 至 7.0。用去离子水定容至 100mL 后，用 20mL 的锥形瓶分装 5 瓶，包扎好，在 121℃，高压蒸汽灭菌 20min。

（2）DNA 提取缓冲液　1%CTAB，1.5mol/L NaCl，100mmol/L Tris-Cl（pH8.0），100mmol/L EDTA（pH 8.0），100mmol/L 磷酸钠缓冲液（pH8.0）。

（3）溶菌酶　用无菌 ddH$_2$O 配制成 50mg/mL 的储存液，分装后保存在−20℃备用。

（4）蛋白酶 K　取 20mg 蛋白酶 K 溶于 1mL 无菌双蒸水，储于−20℃备用。

（5）氯仿-异戊醇（24：1）。

（6）异丙醇。

（7）TE 缓冲液（Tris-EDTA 缓冲液）10mmol/L Tris-HCl（pH8.0），1mmol/L EDTA（pH8.0）。

四、实验步骤

1. 将大肠杆菌接种到灭菌好的 LB 培养基中过夜培养。

2. 取 1.5mL 菌液于离心管中，以 10000r/min 离心 1min，弃上清液。

3. 加入 0.5mL DNA 提取缓冲液并重悬，再加入 10μL 溶菌酶（终浓度为 1mg/mL），37℃水浴 1h，其间颠倒数次。

4. 加入 1μL 蛋白酶 K（20mg/mL），混匀，65℃保温 1h，12000r/min 离心 10min，取上清液，转移至新的 1.5mL 的离心管中。

5. 用移液枪加入等体积的氯仿-异戊醇剧烈振荡混匀，12000r/min 离心 10min，将上层水相转移至新的离心管中（注意，不能混入氯仿）。

6. 加入等体积的异丙醇，轻轻混匀，使 DNA 成团，置于−20℃沉淀 30min（时间可以延长）。

7. 常温下以 12000r/min 离心 10min，去掉上清液（从离心管中倒出后，将试管反扣在吸水纸上吸干）。

8. 用 500μL 70%乙醇将沉淀清洗一次，10000r/min 离心 1min，去上清液，将沉淀放置在超净工作台或者实验台上晾干。

9. 加入 50μL 的水或 TE 缓冲液溶解沉淀。如要去除 RNA 则需另加入 RNase 于 37℃水浴 30min，消化 RNA。

10. 取适量基因组 DNA 样品，电泳检测。提取的 DNA 可以放于–20℃保存。

五、注意事项

（1）用于提取 DNA 的大肠杆菌的样品不宜太多，过多会导致细胞裂解不完全，杂质较多，提取效率低。

（2）大肠杆菌细胞在提取缓冲液中重悬时可以用移液枪轻轻吹打，使菌体尽可能均匀，细胞裂解更彻底，从而提高 DNA 的提取效率。

六、结果记录及分析讨论

参照本章实验三。

七、思考题

查阅资料简述真核生物酵母基因组 DNA 的提取原理及方法。

实验六　绿色荧光蛋白基因的 PCR 扩增

一、实验目的

1. 掌握 PCR 扩增目的基因的基本原理。
2. 掌握 PCR 扩增目的基因的基本方法及步骤。
3. 了解荧光蛋白在分子生物学研究中的应用。

二、实验原理

聚合酶链式反应（polymerase chain reaction，PCR）是一种特异性 DNA 体外扩增技术，其原理类似于 DNA 的体内复制过程，但 PCR 的体外反应体系要简单得多，主要包括 DNA 模板、与 DNA 靶序列单链 3′末端互补的引物序列、四种脱氧核苷酸三磷酸（dNTP）、DNA 聚合酶以及合适的缓冲液体系等。PCR 反应包括以下三个基本过程（如图 3.6.1 所示）：

（1）变性（denaturation）在 95℃左右时 DNA 双链之间的氢键断裂，形成两条单链 DNA。

（2）退火（annealing）在适宜的温度（引物的 T_m 值左右）下，变性后的单链与引物通过碱基互补配对，再次形成模板-引物复合物。

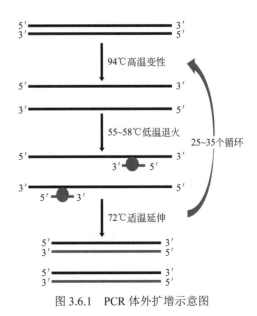

图 3.6.1 PCR 体外扩增示意图

（3）延伸（elongation）　Taq DNA 聚合酶在 72℃的温度下，以 dNTP 为原料，以靶向序列为模板，根据碱基互补配对原则，按照 5′→3′方向合成完整的双链 DNA。

上述三个步骤，即变性、退火、延伸称为一个循环，每经过一个循环，样本中的 DNA 含量增加一倍。所以经过 25～35 个循环后，目的基因理论上可以扩增 2^n（n 为循环次数）。

绿色荧光蛋白（green fluorescent protein，GFP），是一个由约 238 个氨基酸组成的蛋白质，从蓝光到紫外光都能使其激发，发出绿色荧光。最早是在维多利亚多管发光水母中分离出该蛋白。在细胞生物学与分子生物学中，GFP 常被用作报道基因（reporter gene），通过基因工程的手段，将其与目的基因融合表达来指示目的蛋白的定位。

本实验采用 PCR 方法，通过设计基因的特异性引物来扩增目的基因的部分片段，可以用于检测目的基因。

三、实验材料、仪器及试剂

1. 实验材料

含有 GFP 基因的质粒。

2. 实验仪器及耗材

PCR 扩增仪、微量移液器、灭菌的枪头、PCR 管、0.2mL 转子的离心机、制冰机。

3. 实验试剂

（1）Taq DNA 聚合酶（从公司购买）。

（2）10×Taq DNA 聚合酶 PCR 缓冲液（与 Taq DNA 聚合酶购自同一个公司的相匹配的缓冲液）。

（3）2.5mmol/L dNTPs：dATP、dTTP、dGTP、dCTP 各 2.5mmol/L。

（4）基因特异性引物序列

GFP-F：5′-CGTAAACGGCCACAAGTTCA-3′

GFP-R：5′-GACTGGGTGCTCAGGTAGTG -3′

（5）ddH$_2$O。

四、实验步骤

1. 在 0.2mL 的 PCR 反应管中按表 3.6.1 所列依次加入各成分，在台式小离心机上瞬时离心 10s。

表 3.6.1　PCR 反应体系

成分	用量/μL	成分	用量/μL
10×缓冲液	5	模板	1
dNTP	4	Taq DNA 聚合酶	1
GFP-F	0.5	ddH$_2$O	38
GFP-R	0.5		

2. 将 PCR 管放入 PCR 热循环仪中，按表 3.6.2 所列设定好程序，热盖温度设定为 105℃。

表 3.6.2　PCR 反应程序

步骤	温度/℃	时间	循环
1.预变性	95	5min	
2.变性	95	30s	
3.退火	57	30s	2~4 步进行 34 个循环
4.延伸	72	1min	
5.后延伸	72	10min	
6.保温	12		

3. 反应结束后，取 5μL PCR 产物进行琼脂糖凝胶电泳（参照本章实验一），确认 PCR 产物的大小是否与预期大小一致。

五、注意事项

（1）PCR 各组分的配制与加样量要特别注意：

① 引物的配制　厂家提供的引物一般是干粉状态并标明 OD 值，1OD 约含 33μg。开盖前先将干粉离心至管底，加双蒸水至浓度为 10 μmol/L。

② 引物浓度　引物浓度不宜太高，太高会导致与模板非特异结合增强，扩增非特异片段增多，浓度太低则扩增效率低。

③ 模板 DNA　浓度不可过高，质粒 DNA 为 20ng 即可。

④ *Taq* DNA 聚合酶　一般用量为 5U/100μL。酶量过大易导致扩增非特异序列，*Taq* 酶具有末端转移酶活性，常在 3'端加 A。

（2）扩增轮数　一般在 30 轮以内就可使模板扩增 10^6 倍,扩增倍数过高会导致条带弥散。

六、结果记录及分析讨论

1. 实验结果

拍照记录琼脂糖凝胶电泳图，记录不同泳道的 DNA 样品。指出目的 DNA 片段条带大小，并分析其亮度和清晰度。描述非目的条带大小、清晰度并分析其可能的原因和纯化方法。

2. 实验结果示例

如图 3.6.2 所示，泳道 1~3 为 PCR 产物，其条带清晰单一，大小接近 500 bp，与目的 DNA 片段大小一致，表明 PCR 特异性强，产物扩增效率高。泳道 M 为分子量标准。

七、思考题

（1）请简述普通 *Taq* 酶与高保真性酶的异同点。

（2）如何确定退火温度？

（3）引物设计中应注意哪些问题？一般应如何设计引物？

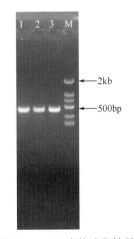

图 3.6.2　PCR 产物琼脂糖凝胶电泳检测图

1~3 为 PCR 产物；M 为分子量标准

（4）若有非特异性条带，该如何进行分离纯化？

实验七　硅胶膜吸附法纯化 DNA 片段

一、实验目的

1. 掌握硅胶膜纯化 DNA 的原理。
2. 掌握硅胶膜纯化 DNA 的方法及操作步骤。

二、实验原理

PCR 样品中若目的 DNA 片段特异性高，不需要经琼脂糖凝胶电泳分离，也可直接采用 PCR 产物回收试剂盒进行回收。PCR 产物回收试剂盒采用特殊的吸附膜，能够有选择性地吸附核酸分子，去除反应液中的各种酶蛋白、引物、dNTPs 等，得到高质量的 DNA 纯化产物。PCR 产物回收试剂盒一般包括 DNA 接合缓冲液、DNA 洗涤缓冲液及 DNA 洗脱液。其基本原理是 DNA 接合缓冲液提供一个低 pH、高盐条件使硅胶膜特异性吸附 DNA 片段，离心时 DNA 片段被吸附在硅胶膜上，再利用洗涤缓冲液将吸附在膜上的杂质洗脱，最后经 DNA 洗脱液或去离子水洗脱下吸附在硅胶膜上的 DNA 片段，从而实现 DNA 片段的纯化。

三、实验材料、仪器及试剂

1. 实验材料

PCR 反应产物。

2. 实验仪器及耗材

琼脂糖凝胶电泳系统、凝胶成像仪、台式高速离心机、移液枪、灭菌的枪头。

3. 实验试剂

PCR 产物回收试剂盒（购自上海生工生物工程股份有限公司）。

四、实验步骤

1. 将 50μL 体系的 PCR 产物转移至 1.5mL 的离心管中，加入 500μL 的接合缓冲液 3，混匀。

2. 以 12000r/min 室温离心 1min，倒掉收集管中的液体，再将吸附柱放入原来的收集管中。

3. 在吸附柱中加入 500μL 漂洗液，室温静置 2min 后，12000r/min 室温离心 1min，倒掉收集管中的液体，将吸附柱放入原来的收集管中。

4. 再在吸附柱中加入 500μL 漂洗液，12000r/min 室温离心 1min，倒掉收集管中的液体，将吸附柱放入原来的收集管中。

5. 12000r/min 室温离心 2min。

6. 将吸附柱放入一个干净的 1.5mL 的离心管中，在吸附膜中央加入 30μL 洗脱缓冲液或者双蒸水，室温放置 5min 后，12000r/min 室温离心 1min（为提高回收率可再将洗脱下去的洗脱液加入到吸附膜中央洗脱一次）。

7. 将纯化的 DNA 再经琼脂糖凝胶电泳检测其回收率，并将 DNA 保存于−20℃。

五、注意事项

加入洗脱液时，一定要加入到吸附膜的中央位置，若洗脱液沾在吸附柱内壁上，可以离心洗脱下来后，将洗脱液冲洗加入到吸附膜的中央位置。

六、结果记录及分析讨论

描述纯化后经琼脂糖凝胶电泳检测 DNA 片段的亮度较未纯化时的差异，分析其原因。另外分析影响纯化的因素有哪些，在实验操作过程中，哪些细节可以提高纯化的效率？

七、思考题

你认为有哪些因素会影响 DNA 的回收效率。

第四章

基因工程实验

基因工程是普通高校生物科学、生物技术及生物工程等相关专业的核心课程之一。基因工程以遗传学、分子生物学、生物化学、微生物学等多门学科为基础，具有抽象度高、理论性强、技术更新速度快、应用面广泛等特点。随着分子生物学和基因工程技术的不断进步，尤其是人类基因组计划（HGP）宣告完成，基因工程作为一门基础核心技术已深刻地影响并极大地促进了生命科学的发展，成为探索复杂生命活动规律的主要工具。目前，基因工程技术已广泛应用于生物制品、药物、物种改良、新材料、生物化工、环境保护等领域，对相关产业的发展起到了巨大的推动作用。在基因工程原理中，基因工程的实验技术和实验技能占有极其重要的地位。作为基因工程理论课的实践教学环节，基因工程实验不仅有助于加深学生对基因工程原理基础知识的理解和掌握，而且能提高学生的实验操作水平，培养其严谨认真的科学态度，加强其独立分析和解决问题的能力，为学好后续课程，从事相关专业技术工作和科学研究打下必要的基础。

实验一 质粒 DNA 的提取与检测

一、实验目的

1. 掌握碱裂解法提取质粒 DNA 的实验原理和操作步骤。
2. 掌握琼脂糖凝胶电泳检测质粒 DNA 的实验步骤。

二、实验原理

质粒是一种染色体以外的 DNA 分子，是具有独立复制能力的共价闭合环状双链 DNA 分子。质粒主要存在于细菌、放线菌及真菌细胞内，大小为 1～200 kb，常以超螺旋的结构存在，并能在子代细胞中保持较为恒定的拷贝数。质粒的存在能赋予宿主细胞一定的遗传性状，如具备抗生素抗性、产生抗生素或毒素、能降解环境污染物等代谢特征。

碱裂解法是应用最为广泛的质粒提取方法。其基本原理是根据共价闭合环状质粒 DNA 与线性染色体 DNA 在拓扑学上的差异将二者分离开来。首先利用 NaOH 和 SDS 使得细胞膜上的脂类及蛋白质溶解、细胞破裂，从而质粒 DNA 和染色体 DNA 同时从细胞内释放出来。在 pH 达到 12.6 的环境下，染色体 DNA 的线性双螺旋结构解开而发生变性，而质粒 DNA 分子间的氢键虽然大部分断裂，但两条超螺旋共价闭合环状 DNA 互补链仍彼此盘绕、紧密结合。此时加入 pH4.8 的醋酸钠高盐缓冲液将 pH 恢复至中性时，仅未完全分离的质粒 DNA 的两条互补链可迅速而准确地复性，而染色体 DNA 的两条线性互补链已完全分离并缠绕形成网状结构，难以迅速复性。因此通过离心即可将染色体 DNA、不稳定的大分子 RNA 以及蛋白质-SDS 复合物等杂质共同沉淀下来并除去，质粒 DNA 则留在上清液中。

质粒 DNA 的检测方法通常包括紫外分光光度法和琼脂糖凝胶电泳法。由于核酸分子中的嘌呤和嘧啶具有共轭双键结构，因此在 250～280nm 波长范围内能强烈吸收紫外线，其最大吸收波长为 260nm。通过检测 260nm 处的吸光值，可对核酸的浓度进行定量计算。由于 260nm 波长下，1μg/mL DNA 钠盐的吸光值为 0.2，因此可推算当 A_{260} 为 1.0 时，双链 DNA（dsDNA）、单链寡核苷酸（ssDNA）及 RNA 的含量分别为 50μg/mL、33μg/mL、40μg/mL。根据公式（4.1.1）可计算出待测质粒 DNA 被稀释 n 倍前的浓度（其中 n 为稀释倍数）：

$$质粒 DNA 的浓度（μg/mL）= A_{260}×50×n \qquad (4.1.1)$$

由于蛋白质的最大吸收波长为 280nm，因此可以根据 260nm 和 280nm 处吸光值之间的比值（A_{260}/A_{280}），对质粒 DNA 的纯度进行判断。当样品的 A_{260}/A_{280} 为 1.8～2.0 时，可认为质粒 DNA 的纯度可满足后续实验的需求；当样品的 $A_{260}/A_{280} <1.7$ 时，则说明质粒 DNA 中仍有蛋白质残留；当样品的 $A_{260}/A_{280}>2.0$ 时，说明质粒 DNA 中含有 RNA 杂质或 DNA 已变性。

琼脂糖凝胶电泳是 DNA 片段分离、鉴定、纯化的常用方法。DNA 分子在高于其等电点的 pH 溶液中带负电荷，在电场中向正极移动。DNA 分子在琼脂糖凝胶中泳动时具有电荷效应和分子筛效应。在恒定的电场强度下，DNA 分子的迁移速率取决于其本身的大小和构型，与分子量的对数值成反比关系。除了能分离具有不同分子量的 DNA 之外，琼脂糖凝胶电泳还能分离分子量相同但构型不同的 DNA 分子。经本实验提取获得的质粒 DNA 可呈现三种构型，即共价闭合环状 DNA（cccDNA）、线性 DNA（L-DNA）和一条 DNA 链断裂后形成的开环 DNA（ocDNA）（图 4.1.1）。三种构型的质粒 DNA 在琼脂糖凝胶电泳中的迁移率不同，电泳后可呈现三个条带，泳动速率从大到小依次为 cccDNA>L-DNA>ocDNA。

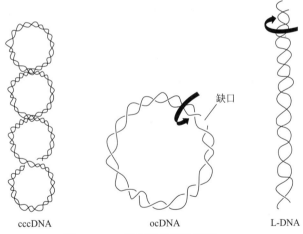

缺口

cccDNA　　　　　ocDNA　　　　　L-DNA

图 4.1.1　三种不同构型的质粒 DNA

三、实验材料、仪器及试剂

1. 实验材料

含有质粒的大肠杆菌，如 pUCm-T-GFP/DH5 α、pUC18-GFP/DH5 α 等，保存于 −80℃。

2. 实验仪器及耗材

电子天平、高压灭菌锅、超净工作台、恒温培养箱、恒温摇床、涡旋振荡器、高速冷冻离心机、紫外线透射仪或凝胶成像仪、微波炉、水平电泳槽、电泳仪、紫外分光光度计、制冰机、恒温水浴锅、1.5mL 离心管、离心管架、200μL PCR 管、微量移液器、吸头、吸头盒、微量比色皿、冰盒等。

3. 主要试剂及配制方法

（1）LB 培养基　胰化蛋白胨 10g，酵母提取物 5g，NaCl 10g，加 200mL 无菌去离子水搅拌至完全溶解，用 NaOH 调 pH 至 7.0，再用无菌去离子水定容至 1L，于 121℃灭菌 20min。LB 平板由 LB 培养基中加入 15～20g/L 琼脂粉后经灭菌倒平板制备而成。

（2）氨苄青霉素（Amp）储存液　以无菌水配制成 100mg/mL Amp 溶液，用 0.22 μm 滤膜过滤除菌，分装成小份后置于−20℃保存。

（3）溶液 I [葡萄糖-Tris-EDTA（GTE）溶液]　含 50mmol/L 葡萄糖、25mmol/L Tris-HCl（pH8.0）、10mmol/L EDTA（pH8.0）。按表 4.1.1 所列量取各个溶液，置于 1L 烧杯中，经高温、高压灭菌后，于 4℃保存。

表 4.1.1　溶液 I 配制表

组分	体积/mL	组分	体积/mL
1mol/L Tris-HCl（pH 8.0）	25	20%葡萄糖	45
0.5mol/L EDTA（pH 8.0）	20	无菌去离子水	910

（4）溶液 II（NaOH-SDS 溶液，需现用现配）　含 0.2mol/L NaOH，1%SDS。

① 按表 4.1.2 量取各个溶液，置于 500mL 烧杯中。

表 4.1.2　溶液 II 配制表

组分	体积/mL	组分	体积/mL
10% SDS	50	2mol/L NaOH	50

② 加入无菌去离子水定容至 500mL，充分混匀后置于室温保存。

（5）溶液 III [醋酸钠溶液（pH4.8）]　含 3mol/L 醋酸钠、5mol/L 醋酸。

① 按表 4.1.3 量取各个溶液，置于 500mL 烧杯中。

表 4.1.3　溶液 III 配制表

组分	质量或体积	组分	质量或体积
醋酸钠	147g	冰醋酸	57.5mL

② 加入无菌去离子水搅拌溶解，并定容至 500mL。

③ 经高温、高压灭菌后，于 4℃保存。

（6）1mg/mL RNase A　称取 10mg RNase A 溶解于 10mL 醋酸钠溶液（10mmol/L、pH 5.0）中，置于沸水浴中 15min 以灭活 DNase；待其冷却至室温后，用 1mol/L Tris-HCl 调 pH 至 7.5，分装成小份后置于−20℃保存。

（7）1mol/L Tris-HCl 溶液（pH 8.0）　称取 6.06g Tris 碱搅拌溶解于 40mL 去离子水中，加入少量浓 HCl 调 pH 至 8.0，再加水定容至 50mL，置于 121℃高压灭菌 20min，4℃保存。

（8）0.5mol/L EDTA 溶液（pH 8.0）　称取 9.306g Na$_2$EDTA 溶于 35mL 去离子水中剧烈搅拌，加入少量 NaOH 调 pH 至 8.0，再加水定容至 50mL，置于 121℃高压灭菌 20min，4℃保存。

（9）1×TE 缓冲液　分别量取 1mL 1mol/L Tris-HCl 溶液（pH8.0）、0.2mL 0.5mol/L EDTA （pH8.0），再加水定容至 100mL，置于 121℃高压灭菌 20min，4℃保存。

（10）50×TAE 母液　分别称取 242g Tris 碱、57.1mL 冰醋酸、100mL 0.5mol/L EDTA（pH8.0），再加水定容至 1L，置于室温下避光保存。电泳前 50 倍稀释至 1×TAE 缓冲液再使用。

（11）10mg/mL 溴化乙锭　称取 1g 溴化乙锭于 100mL 去离子水中，磁力搅拌充分溶解后分装成小份，避光密封保存于室温中。

（12）其他　包括无水乙醇，70%乙醇，苯酚-氯仿-异戊醇（25∶24∶1），3mol/L 醋酸钠（pH5.2），6×上样缓冲液，1kb DNA Ladder，琼脂糖，无菌去离子水等。

四、实验步骤

1. 质粒 DNA 的提取（碱变性法）

（1）将含质粒的大肠杆菌单菌落接种于含 100μg/mL Amp（或其他相应抗性）的 LB 培养基中，37℃振荡培养过夜。

（2）吸取 1.5mL 菌液加入至微量离心管中，于 4000r/min 离心 2min 以充分收集菌体，弃上清液，尽量除尽残留的培养基。

（3）将菌体重新悬浮于 100μL 溶液Ⅰ中，在涡旋振荡器上剧烈振荡，使菌体充分悬浮，并置于室温下静置 5～10min。

（4）加入 200μL 新鲜配制的溶液Ⅱ，轻柔地上下颠倒混匀离心管 2～3 次，以充分混匀内容物（绝对不能剧烈振荡！），将离心管置于冰浴中静置 5min（严格控制时间）。

（5）加入 150μL 预冷的溶液Ⅲ，轻柔地上下颠倒混匀离心管数次，以充分混匀内容物（绝对不能剧烈振荡！），将离心管置于冰浴中静置 5min（严格控制时间）。

（6）于 4℃下 12000r/min 离心 10min，将上清液转移至另一新离心管中，并将体积记为 V。

（7）将等体积 V 的苯酚-氯仿-异戊醇（25∶24∶1）加入至上清液中充分振荡混匀，于室温下 12000r/min 离心 5min。

（8）小心吸取上层水相，并转移至另一新离心管中（注意不要吸取中间的变性蛋白层）。

（9）在上步转移后的上层水相中加入 1/10 V 的 3mol/L 醋酸钠（pH5.2）和 2.5V 预冷的无水乙醇，充分颠倒混匀后，置于−20℃下静置 30min。

（10）于 4℃下 12000r/min 离心 15min，弃上清液，再加入 1mL 预冷的 70%乙醇，充分颠倒混匀后，置于 4℃下 12000r/min 离心 5min。

（11）重复上述步骤，用预冷的 70%乙醇洗涤沉淀数次，以彻底去除盐离子。

（12）弃上清液，将离心管敞开盖倒扣于吸水纸上，使残液充分流尽，沉淀于管底的质粒 DNA 自然干燥至半透明状态。

（13）加入 40μL 无菌 1×TE 缓冲液至离心管中以充分溶解沉淀，再加入 3μL1mg/mL RNase A，置于 37℃下保温 20～30min，−20℃保存。

2. 琼脂糖凝胶电泳检测

（1）制备 1.0%琼脂糖凝胶　称取 0.5g 琼脂糖置于锥形瓶中，加入新鲜配制的 50mL 1×TAE 缓冲液，加热至琼脂糖完全溶化；待凝胶温度降至 55℃左右时加入 2μL EB 溶液，充分摇匀后备用。

（2）制备胶板

① 将胶室、移胶板及样品梳清洗干净并晾干。

② 将样品梳垂直插入至水平放置的移胶板上，将溶化状态下的凝胶液缓慢倒入至胶室内，形成一层厚度适中、均匀无气泡的胶面。

③ 待胶完全凝固后，小心拔出梳子，将移胶板平放于电泳槽内（加样孔朝负极方向），再加入新鲜配制的1×TAE缓冲液，使缓冲液的液面略高于胶面。

（3）点样　吸取1～2μL 6×上样缓冲液与5μL质粒DNA充分混匀，将混合液小心点样于凝胶中的加样孔内，同时吸取5μL DNA分子标记点入加样孔内。记录好各孔的点样顺序。

（4）电泳

① 盖好电泳槽的盖子，设置电泳电压为100 V，接通电泳槽和电泳仪的电源（注意正、负极不要接反），开始电泳。

② 当溴酚蓝染料的移动距离达到胶的1/2～2/3处，即可停止电泳。

（5）观察实验结果　电泳结束后，应及时取出凝胶，置于紫外透射仪（254nm）或凝胶成像仪中观察并拍摄彩色或黑白照片。凝胶中存在DNA的位置应显示出橘红色的荧光条带。

3. 质粒DNA的纯度检测及浓度计算

（1）样品稀释　吸取3μL质粒DNA样品与297μL无菌去离子水充分混匀，用移液器小心转移至350μL微量比色皿中，注意不要产生气泡。

（2）样品吸光值的测定　将微量比色皿置于紫外分光光度计中，分别测定并记录样品溶液在260nm和280nm处的吸光值A_{260}和A_{280}，同时计算A_{260}/A_{280}的比值。

（3）样品浓度的计算　根据公式（4.1.1）计算质粒DNA样品的浓度。

五、注意事项

（1）含有质粒的菌株转接次数不宜过多，以防质粒丢失；每次应挑选单菌落活化，并收获培养至稳定期的新鲜菌体。

（2）配制溶液Ⅱ时，由于SDS易产生气泡，需用磁力搅拌器轻柔搅拌溶解。

（3）溶液Ⅱ于较低室温下放置时易形成沉淀，可将其置于37℃水浴下，至溶液恢复澄清透明时方可使用。

（4）加入溶液Ⅰ、Ⅱ、Ⅲ的体积不可随意更改，同时加入溶液Ⅱ、Ⅲ后的操作一定要轻柔，不可剧烈振荡，并尽可能在规定的时间内完成操作。

（5）吸取苯酚-氯仿-异戊醇时要小心操作，注意不要直接接触皮肤。

（6）使用苯酚-氯仿-异戊醇抽提后吸取上层水相时要小心操作，注意不要吸取中间的变性蛋白质层。

（7）用紫外分光光度计检测质粒DNA时，要求样品的纯度较高，否则不能用该方法检测。

（8）溴化乙锭为强诱变剂，具有毒性，使用时一定要戴好手套，并在指定范围内操作，注意不要污染其他非污染区域和设备；污染过溴化乙锭的废弃物必须统一回收处理，不得随意丢弃。

（9）紫外线对人眼和皮肤具有危害性，不能直接用肉眼观察紫外线照射下的琼脂糖凝胶，需戴好护目镜或做好其他防护。

六、实验记录及分析讨论

1. 实验结果记录

（1）粘贴质粒DNA样品的琼脂糖凝胶电泳图（图中需含DNA分子标记）。

（2）记录质粒 DNA 样品的 A_{260}、A_{280}。

2. 根据 A_{260} 计算质粒 DNA 样品的浓度，根据 A_{260}/A_{280} 判断质粒 DNA 样品的纯度。

3. 结果分析讨论

（1）分别针对上述实验结果，综合评价并分析本次质粒 DNA 的抽提质量。

（2）影响本次实验结果的因素有哪些？今后应如何改进？

七、思考题

（1）请分别简述溶液 I、II、III 的作用及原理。

（2）质粒 DNA 的回收可使用乙醇或异戊醇进行沉淀，这两者的作用原理有何区别？

（3）如何根据 A_{260}/A_{280} 判断质粒 DNA 样品的纯度。

（4）琼脂糖凝胶电泳中使用的电泳缓冲液有哪几种类型，各有何区别？

（5）若要确定一个共价闭合环状的质粒 DNA 分子真实的大小，能否将其直接进行琼脂糖凝胶电泳，再通过其所在凝胶（含 DNA 标记）上的条带位置来判断？为什么？

实验二　质粒 DNA 的酶切反应

一、实验目的

1. 掌握限制性内切酶的工作原理。

2. 掌握琼脂糖凝胶电泳检测质粒 DNA 的实验步骤。

3. 了解限制性内切酶酶切图谱的分析方法。

二、实验原理

II 型限制性内切酶（简称限制性内切酶）是一种以同型二聚体形式存在的多肽，具备特异性地识别并切割序列的能力，目前已被广泛应用于基因工程的操作中。II 型限制性内切酶识别的序列呈回文结构，一般含有 4～8 个脱氧核苷酸，切割目的 DNA 分子后可形成黏性末端或平末端。某些特殊的限制性内切酶的识别序列不同，但仍能产生相同的黏性末端，这一类酶互称为同尾酶。

不同限制性内切酶都具有其最适反应条件。影响限制性核酸内切酶活性的因素包括目的 DNA 的纯度、DNA 的甲基化程度、酶切反应温度、缓冲液的组成等，其中酶切反应温度、缓冲液的组成是主要的影响因素。限制性内切酶的最适反应温度大多为 37℃，少数要求 40～65℃，反应温度过高或过低都会影响酶活性，甚至导致酶失活。大部分限制性内切酶都需要相似的缓冲液组分，商品化的限制性内切酶一般由厂商提供专用的缓冲液。当进行目的 DNA 的双酶切反应时，应仔细阅读厂商提供的限制性内切酶说明书，慎重选择缓冲液的类型，以保证不同的酶在缓冲液中都能保持尽可能高的相对酶活性。某些限制性内切酶，如 *Eco*R I、*Bam*H I、*Hind* III、*Kpn* I、*Pst* I、*Sca* I、*Sal* I、*Hinf* I 等在极端非标准条件下，酶的专一性和切割效率易发生改变，该现象称之为酶的星号活性。星号活性的出现与甘油含量过高、酶量使用过大、低离子浓度、高 pH、样品含有机溶剂（如二甲基亚砜、乙醇、二甲基乙酰胺）及非 Mg^{2+} 的二价阳离子（如 Mn^{2+}、Cu^{2+}、Co^{2+}、Zn^{2+}）等因素有关。

质粒 DNA（如 pUC18/19）上的多克隆位点（MCS）中常带有 *Eco*R I、*Hind* III 等多种限

制性内切酶的识别位点（如图 4.2.1 和图 4.2.2 所示）。在限制性内切酶的作用下，环状质粒 DNA 分子将在识别位点处被切断，形成具有黏性末端或平末端的线性 DNA 分子。通过琼脂糖凝胶电泳可将酶切产物进行分离，同时将未经酶切的环状质粒 DNA 作为对照，通过 DNA 分子标记可判断酶切反应是否完全，且酶切产物的大小是否符合预期结果。

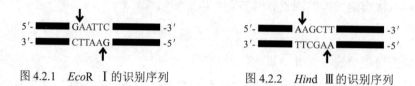

图 4.2.1　*Eco*R Ⅰ的识别序列　　　　　　图 4.2.2　*Hind* Ⅲ的识别序列

三、实验材料、仪器及试剂

1. 实验材料

经构建的重组质粒 pUCm-T-GFP、pUC18-GFP 或其他含有外源 DNA 的重组质粒，保存于-20℃。

2. 实验仪器及耗材

电子天平、高压灭菌锅、微量离心机、紫外线透射仪或凝胶成像仪、微波炉、水平电泳槽、电泳仪、制冰机、恒温水浴锅、500μL 离心管、离心管架、微量移液器、吸头、吸头盒、冰盒、漂浮板等。

3. 主要试剂及配制方法

（1）限制性内切酶　　*Eco*R Ⅰ（10 U/μL）、*Hind* Ⅲ（10 U/μL）。

（2）适合 *Eco*R Ⅰ、*Hind* Ⅲ 双酶切的通用缓冲液。

（3）DNA 分子标记　　1 kb DNA Ladder。

（4）琼脂糖。

（5）50×TAE 母液　　配制方法同本章实验一。

（6）10mg/mL 溴化乙锭　　配制方法同本章实验一。

（7）6×上样缓冲液。

（8）无菌去离子水。

四、实验步骤

1. 质粒 DNA 的双酶切反应

（1）在 500μL 无菌离心管中加入如表 4.2.1 所列各组分（反应体系为 40μL），应仔细操作，防止错加、漏加。

表 4.2.1　双酶切体系配制表

组分	质量或体积	组分	质量或体积
质粒 DNA	5～10μg	*Hind* Ⅲ	2μL
双酶切通用缓冲液	4μL	无菌去离子水	补足至 40μL
*Eco*R Ⅰ	2μL		

（2）加样完毕，用手指轻弹离心管壁至反应液充分混匀，再置于微量离心机中瞬甩 10s，使反应液集中于离心管底。

（3）将离心管置于漂浮板中，置于37℃水浴中反应1～16h（具体反应时间可根据实际情况调整），至酶切反应完全。

2. 琼脂糖凝胶电泳检测

（1）制备琼脂糖凝胶及胶板　参照本章实验一的步骤制备1.0%琼脂糖凝胶及胶板。

（2）点样　吸取1～2μL 6×上样缓冲液与5μL酶切产物充分混匀，同时设置5μL未经酶切的环状质粒DNA作为对照，将混合液小心点样于凝胶中的加样孔内；吸取5μL DNA分子标记点入加样孔内。记录好各孔的点样顺序。

（3）电泳　参照本章实验一的步骤进行。

（4）观察实验结果　电泳结束后，应及时取出凝胶，置于紫外透射仪（254nm）或凝胶成像仪中观察并拍摄彩色或黑白照片。每一块凝胶中都必须同时存在酶切产物、环状质粒DNA对照及DNA分子标记的相应条带，以便于判断酶切反应是否成功。

五、注意事项

（1）微量移液器应按时校准，以免因为反应组分的体积加入不准而导致实验失败。

（2）每次吸取一种试剂或样品时都应更换一个新的无菌吸头，以防交叉污染。

（3）酶切反应体系中加入的质粒DNA的体积或质量应参照本章实验一的结果准确计算。

（4）反应体系中的限制性内切酶应最后加入，加酶时应在冰浴中进行，且操作尽可能快，不要用手接触盛放酶的离心管底部。

（5）酶使用完毕后应立即放入–20℃保存，长时间放置于室温会导致酶失活。

（6）确保加入酶的体积不超过反应总体积的10%，否则酶活性将受到甘油的抑制。

（7）在切割大量DNA时，可通过延长酶切反应时间来减少所使用的酶量。

（8）双酶切反应时，应根据使用说明书选用厂商推荐的通用缓冲液，或选用使得两种酶的相对酶活性都尽可能高（>50%）的酶切缓冲液。

（9）若酶切后需进行下一步酶切或连接反应，则需将反应液置于65℃下保温10～30min以终止酶切反应，或通过苯酚-氯仿抽提除去蛋白质、乙醇沉淀DNA的方法来纯化酶切产物；若酶切后需要对酶切产物进行切胶回收，则不需要在本实验中单独进行酶切终止反应。

（10）涉及溴化乙锭及紫外线的操作过程，注意事项同本章实验一注意事项中的（8）和（9）。

六、实验记录及分析讨论

1. 实验结果记录

（1）记录质粒双酶切反应的体系及反应起始时间。

（2）粘贴质粒DNA经双酶切后产物的琼脂糖凝胶电泳图（图中需同时含有酶切产物、环状质粒DNA对照以及DNA分子标记）。

2. 结果分析讨论

（1）针对上述各样品的电泳图谱，综合分析并评价本次酶切反应的情况。

（2）影响本次实验结果的因素有哪些？今后应如何改进？

七、思考题

（1）为什么细菌来源的限制性内切酶只切割外源DNA，而不会切割细菌自身的DNA？

（2）什么是限制性内切酶的星号活性？在实验操作中应如何避免星号活性的产生？

（3）将两种限制性内切酶进行双酶切反应时，应采取什么措施以确保实验成功？

（4）酶切反应体系中，添加酶的量是否越多越好？为什么？

（5）酶切反应结束后，经电泳检测发现酶切产物的片段大小与预期不符，你认为是什么原因造成的？

实验三　琼脂糖凝胶电泳回收 DNA 片段

一、实验目的

1. 掌握切胶回收 DNA 的原理。
2. 掌握从琼脂糖凝胶电泳中切胶回收目的 DNA 片段的实验步骤。

二、实验原理

从琼脂糖凝胶电泳中分离、回收目的 DNA 片段是基因工程操作中的一项重要技术。经回收后的特定 DNA 片段可用于连接反应、测序分析或制备探针等后续实验。目前可用于琼脂糖凝胶中 DNA 片段回收的方法较多，如苯酚/氯仿抽提及乙醇沉淀法、试剂盒法、凝胶冻融法等。理想的 DNA 片段回收方法应满足以下要求：回收片段的纯度较高、对回收片段的大小无限制、回收操作过程无 DNase 污染、回收效率高、操作便捷、不需特殊的仪器设备及试剂等。

苯酚-氯仿抽提、乙醇沉淀法是纯化 DNA 片段的经典方法，主要利用 DNA 和蛋白质在水相和有机相中的溶解度不同而重新分配的原理，使得目的 DNA 片段从混合体系中沉淀下来。该方法简单经济，但得率较低，尤其是对于小片段的 PCR 产物。

商业化的 DNA 纯化试剂盒主要包括溶胶液、洗涤液、洗脱液及纯化套件（吸附柱+收集管）等组分。其原理主要是利用溶胶液将含有目的 DNA 条带的琼脂糖凝胶胶块溶化，从而释放出 DNA；在溶胶液通过吸附柱的过程中，DNA 被选择性吸附于硅胶膜上；经过洗涤液洗涤去除吸附膜上残留的杂质及盐离子后，吸附膜上的 DNA 可经少量洗脱液洗脱下来，并得以保存。通过该方法回收获得目的 DNA 片段只需 30min 左右，且 DNA 不易被降解，回收率较高。

三、实验材料、仪器及试剂

1. 实验材料

重组质粒经双酶切后获得的目的 DNA 片段，或 PCR 扩增产物，保存于−20℃。

2. 实验仪器及耗材

电子天平、高压灭菌锅、高速离心机、紫外线透射仪或凝胶成像仪、微波炉、水平电泳槽、电泳仪、制冰机、恒温水浴锅、1.5mL 离心管、离心管架、微量移液器、吸头、吸头盒、冰盒、漂浮板、护目镜、手术刀片等。

3. 主要试剂及配制方法

（1）柱式 DNA 胶回收试剂盒。

（2）无水乙醇。

（3）DNA 分子标记　1 kb DNA Ladder。

（4）琼脂糖。

（5）50×TAE 母液　配制方法同本章实验一。

（6）10mg/mL 溴化乙锭　配制方法同本章实验一。

（7）6×上样缓冲液。

（8）无菌去离子水。

四、实验步骤

1. 预电泳

（1）制备 1.0%琼脂糖凝胶及胶板　参照本章实验一的步骤制备。

（2）点样　吸取 1～2μL 6×上样缓冲液与 5μL 酶切产物或 PCR 产物充分混匀，将混合液小心点样于凝胶中的加样孔内，可在多个加样孔中重复点样，以便于后续切胶练习；同时吸取 5μL DNA 分子标记点入加样孔内；记录各孔的点样顺序。

（3）电泳　参照本章实验一的步骤进行。

（4）观察实验结果　电泳结束后，取出凝胶置于紫外透射仪（254nm）或凝胶成像仪中观察并确定待回收目的 DNA 片段的条带大小无误。

2. 切胶练习

戴好护目镜和乳胶手套，使用洁净的无菌手术刀片在紫外线照射下小心切下含有目的 DNA 片段的胶块，应尽可能去除不含目的 DNA 片段的多余部分。

3. 正式回收电泳

（1）制胶　制备一块稍厚的 1.0%琼脂糖凝胶，并通过宽齿梳制成较大的加样孔。

（2）点样　吸取 5μL 6×上样缓冲液与 25μL 样品充分混匀，将混合液小心点样于凝胶中的加样孔内；同时吸取 5μL DNA 分子标记点入加样孔内。记录各孔的点样顺序。

（3）电泳　参照本章实验一的步骤进行。

4. 切胶回收

（1）切胶：电泳结束后，取出凝胶置于紫外透射仪（254nm）或凝胶成像仪中，参照切胶练习的步骤将含有目的 DNA 片段的胶块切下，并放置于一支提前称好质量的 1.5mL 离心管中再次称重，计算并记录胶块的质量。

（2）当琼脂糖凝胶的浓度为 1.0%时，按照每 100mg 胶块加入 300μL 的比例加入相应体积的溶胶液。

（3）将离心管置于 50℃水浴中保温 5～10min，期间数次拿出离心管颠倒混匀，以加速胶块溶解，直至完全融化；此步骤时间不宜过长，否则将导致 DNA 损伤。

（4）用吸头将溶胶液全部转移至纯化套件中的吸附柱中，于室温下 8500r/min 离心 30s，弃去收集管中的液体，将吸附柱重新放入同一个收集管中；若溶胶液体积>750μL 时，需分多次重复上柱。

（5）将 300μL 溶胶液加入至吸附柱中，于室温下 9000r/min 离心 30s，弃去收集管中的液体，将吸附柱重新放入同一个收集管中。

（6）将 500μL 洗涤液（含 80%乙醇）加入至吸附柱中，于室温下 9000r/min 离心 30s，弃去收集管中的液体，将吸附柱重新放入同一个收集管中。

（7）重复步骤（6）一次。

（8）将空吸附柱和收集管置于室温下 9000r/min 离心 1min，以充分去除残留的乙醇（此步骤绝不可省略！）。

（9）将30μL预热至60℃的洗脱液小心加入至吸附柱上的吸附膜中央，于室温下静置2min。

（10）将吸附柱装入一支新的1.5mL的无菌离心管中，于室温下9000r/min离心1min，以充分收集含有目的DNA片段的纯化产物。

5. 琼脂糖凝胶电泳检测

纯化产物需经过电泳再次检测，以确保获得与预期大小一致的目的片段，且条带清晰、无杂带出现。确认后的纯化产物可直接用于后续实验或保存于−20℃备用。

五、注意事项

（1）切胶操作过程应在最短的时间内完成，以减少紫外线对DNA的损伤，同时确保实验者的人身安全。

（2）含目的DNA片段的胶块不宜在空气中暴露太久，切胶后应立即回收，或将其保存于4℃或−20℃备用。

（3）切胶后，应保证每支离心管中的胶块质量小于400mg，否则将导致溶胶不完全。

（4）加入溶胶液时，应注意戴好口罩和手套进行防护。

（5）首次使用洗涤液时，应加入正确体积的无水乙醇，并在瓶身贴好标签，于室温下密封保存。

（6）溶胶液在室温较低时易产生沉淀，需置于37℃水浴中溶解沉淀，并冷却至室温时方可使用。

（7）向吸附柱中加入溶液时，应尽可能在吸附膜的中央加入，尤其是洗脱液。

（8）涉及溴化乙锭及紫外线的操作过程，注意事项同本章实验一注意事项中的（8）和（9）。

六、实验结果与分析

1. 实验结果记录

粘贴纯化产物的琼脂糖凝胶电泳图（图中需含DNA分子标记）。

2. 结果分析讨论

（1）本次胶回收实验获得的纯化产物是否与预期大小一致？纯度如何？

（2）影响本次实验结果的因素有哪些？今后应如何改进？

七、思考题

（1）简述利用试剂盒法从琼脂糖凝胶中回收目的DNA片段的原理。

（2）切出的胶块过大对DNA片段的回收效率有何影响？

（3）若将胶回收获得的纯化产物用于后续酶切实验，发现酶切效率很低，试分析可能的原因。

实验四　目的DNA片段与载体的连接反应

一、实验目的

1. 掌握PCR产物与T载体连接的实验原理及操作步骤。

2. 掌握酶切回收的目的 DNA 片段与载体片段连接的实验原理及操作步骤。

二、实验原理

在 NAD$^+$ 或 ATP 供能的作用下，DNA 连接酶能催化 DNA 上相邻缺口两侧的核苷酸裸露的 3′-OH 与 5′-磷酸基团之间形成共价结合的磷酸二酯键，从而使 DNA 断开的缺口连接起来。该酶同时具有连接单链、双链的能力，在 DNA 重组、复制和损伤后修复中起关键作用。T4 噬菌体 DNA 连接酶（简称 T4 连接酶）可同时连接带有黏性末端和平末端的 DNA 片段，但其对于黏性末端的连接效果好得多，反应速率也快得多。T4 连接酶的最适反应温度为 37℃，但该温度下黏性末端之间氢键的结合很不稳定，因此在实际操作中一般采用 25℃连接 2h 或 16℃连接过夜（用前需参考厂商提供的使用说明书中推荐的反应条件）。影响连接反应的因素为连接酶的用量、反应时间和温度、DNA 的浓度及两种 DNA 分子数的比例以及外源 DNA 末端的性质等。

利用 *Taq* DNA 聚合酶扩增得到的 PCR 产物双链 DNA 的 3′端通常被加上多余的碱基"A"。根据这一特点，人们开发出可直接用于 PCR 产物克隆的 3′端含碱基"T"的线性化 T 载体[如 pUCm-T（图 4.4.1）]。在 T4 连接酶的催化下，PCR 产物可以直接与 T 载体相连，组成重组环状载体，该过程即为 T-A 克隆。此外，环状质粒载体[如 pUC 18（图 4.4.2）]与目的 DNA 被限制性内切酶酶切后，可形成含有平末端或黏性末端的双链 DNA 片段。经过相同的限制性内切酶或同尾酶酶切后形成的黏性末端可以两两互补，在氢键的作用下通过碱基互补配对原则重新结合在一起。此时，在 T4 连接酶的作用下，线性化的载体片段与目的 DNA 片段的互补黏性末端之间可通过稳定的磷酸二酯键进行共价连接。

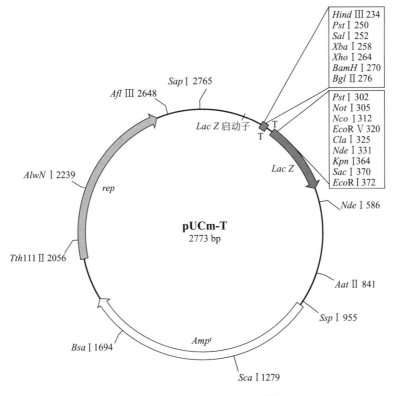

图 4.4.1 pUCm-T 载体的图谱

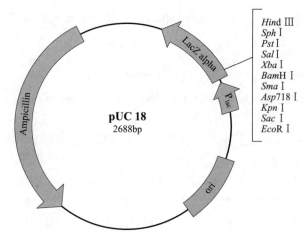

图 4.4.2　pUC 18 载体的图谱

三、实验材料、仪器及试剂

1. 实验材料

（1）经 *Taq* DNA 聚合酶扩增获得的 PCR 产物，回收纯化后保存于-20℃。

（2）经 *Eco*R Ⅰ、*Hind* Ⅲ 双酶切的目的 DNA 片段和 pUC 18 线性载体片段，回收纯化后保存于-20℃。

2. 实验仪器及耗材

电子天平、高压灭菌锅、微量离心机、紫外线透射仪或凝胶成像仪、微波炉、水平电泳槽、电泳仪、制冰机、恒温水浴锅、500μL 离心管、离心管架、微量移液器、吸头、吸头盒、冰盒、漂浮板等。

3. 主要试剂及配制方法

（1）pUCm-T 载体（50ng/μL）。

（2）pUC 18 载体。

（3）T4 连接酶（5U/μL）。

（4）10×T4 连接酶缓冲液。

（5）DNA 分子标记　1kb DNA Ladder。

（6）琼脂糖。

（7）50×TAE 母液　配制方法同本章实验一。

（8）10mg/mL 溴化乙锭　配制方法同本章实验一。

（9）6×上样缓冲液。

（10）无菌去离子水。

四、实验步骤

1. PCR 产物与 T 载体的连接

（1）在 500μL 无菌离心管中加入如表 4.4.1 所列的各组分（反应体系为 10μL），应仔细操作，防止错加、漏加。

表 4.4.1　连接体系 1 配制表

组分	质量或体积	组分	质量或体积
PCR 产物	约 50ng	T4 连接酶	1μL
pUCm-T 载体	1μL	无菌去离子水	补足至 10μL
10× T4 连接酶缓冲液	1μL		

（2）同时设置对照组 1（上述反应体系中不加 pUCm-T 载体）和对照组 2（上述反应体系中不加 PCR 产物）。

（3）加样完毕后，用手指轻弹离心管壁至反应液充分混匀，再置于微量离心机中瞬甩 10s，使反应液集中于离心管底。

（4）将离心管置于漂浮板中，于 16℃水浴中反应 1~16h（具体反应时间可根据实际情况调整），至连接反应完全后，于 –20℃保存。

2. 目的 DNA 片段与 pUC 18 载体片段的连接

（1）在 500μL 无菌离心管中按表 4.4.2 所列顺序加入各组分（反应体系为 10μL），应仔细操作，防止错加、漏加。

表 4.4.2　连接体系 2 配制表

组分	质量或体积	组分	质量或体积
目的 DNA 片段	0.3~1μg	T4 连接酶	1μL
pUC 18 载体片段	0.1μg	无菌去离子水	补足至 10μL
10× T4 连接酶缓冲液	1μL		

（2）同时设置对照组 1（上述反应体系中不加 pUC 18 载体片段）和对照组 2（上述反应体系中不加外源 DNA 片段）。

（3）加样完毕后，用手指轻弹离心管壁至反应液充分混匀，再置于微量离心机中瞬甩 10s，使反应液集中于离心管底。

（4）将离心管置于漂浮板中，于 16℃水浴中反应 1~16h（具体反应时间可根据实际情况调整），至连接反应完全后，置于 4℃或 –20℃保存，可通过后续转化实验验证其连接效率。

五、注意事项

（1）本实验中涉及酶的使用操作同本章实验二"注意事项（1）~（5）"。

（2）使用高保真 DNA 聚合酶（如 *Pfu*、*Pwo*）扩增的 PCR 产物双链 DNA 的 3′端无碱基"A"，需要重新使用 *Taq* DNA 聚合酶进行加"A 尾"反应后才能与 T 载体成功连接。

（3）仅通过单酶切处理的质粒载体需要先进行脱磷酸化，以防止载体发生自我连接。

（4）在连接反应体系中，载体片段与外源 DNA 片段之间的浓度比应为 1：3~1：10，以提高反应的效率。

（5）涉及溴化乙锭及紫外线的操作过程，注意事项同本章实验一"注意事项（8）和（9）"。

六、实验记录及分析讨论

1. 实验结果记录

记录两种连接反应的体系及反应起始时间。

2. 结果分析讨论

（1）将两种连接产物参照本章"实验六 大肠杆菌感受态细胞的转化"中的步骤用于转化实验，再结合本章"实验七 阳性克隆的筛选和鉴定"的实验结果，综合分析并评价本实验中连接反应的完成情况。

（2）影响本次实验结果的因素有哪些？今后应如何改进？

七、思考题

（1）DNA 连接酶发生连接反应的必要条件是什么？

（2）影响连接反应的主要因素有哪些？

（3）请简述 T-A 克隆的基本原理。

（4）利用 *Pfu* DNA 聚合酶扩增获得的 PCR 产物能否与 pUCm-T 载体成功连接？为什么？

（5）如何提高平末端 DNA 片段的连接效率？

（6）在连接体系中，为什么载体片段与外源 DNA 片段之间的浓度比应为 1∶3～1∶10？

实验五　大肠杆菌感受态细胞的制备

一、实验目的

1. 掌握 $CaCl_2$ 法制备大肠杆菌感受态细胞的原理。

2. 掌握大肠杆菌 DH5 α菌株感受态细胞制备的实验步骤。

二、实验原理

当外源 DNA 分子与载体片段在体外连接成功后，必须将重组载体导入至特定的受体（宿主）细胞内，使其大量扩繁并高效表达外源目的基因，这种导入的过程对于受体细胞而言就称为转化。原核细胞常用于表达外源目的基因的产物，或作为克隆载体用于基因组文库或 cDNA 文库的构建。其中大肠杆菌是目前研究最详尽、应用最广泛、发展最完善的基因工程载体受体系统。原核细胞转化的成功率除了受到供体菌与受体菌之间亲缘关系的影响之外，还与受体菌是否处于感受状态密切相关。感受态是指受体细胞最容易接受外源 DNA 片段并实现其转化的一种生理状态，由受体菌的遗传特性所决定，也受菌龄及环境条件等因素的影响。制备感受态细胞的方法较多，总体上都是利用 Ca^{2+}、Mg^{2+}、Mn^{2+}等金属离子处理菌体细胞。$CaCl_2$ 法制备感受态细胞简便易操作，且转化效率可满足一般实验的需求，因此被广泛应用，如图 4.5.1 所示。$CaCl_2$ 法的基本原理是：经低温预处理的低渗 $CaCl_2$ 溶液能造成菌体细胞膨胀成球状；Ca^{2+}引起细胞膜的磷脂双分子层形成液晶结构，同时促使细胞外膜与内膜间隙中的部分核酸酶解离开来，为外源 DNA 分子的摄入提供了条件。此时细胞的通透性发生暂时性变化，并极易与外源 DNA 分子相黏附，成为感受态细胞。当制备的感受态细胞暂时不用于下一步转化实验时，可将菌液与终浓度为 15%的无菌甘油充分混合均匀后保存于−80℃冰箱中，一般可使用半年。

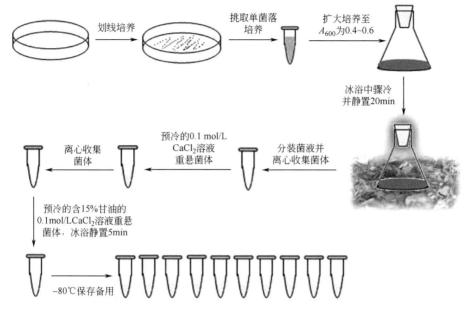

图 4.5.1 感受态细胞制备示意图

三、实验材料、仪器及试剂

1. 实验材料

大肠杆菌 DH5α、JM109、Top10 等菌株。

2. 实验仪器及耗材

电子天平、高压灭菌锅、超净工作台、恒温培养箱、恒温摇床、高速冷冻离心机、紫外分光光度计、制冰机、1.5mL 离心管、100mL 锥形瓶、离心管架、微量移液器、吸头、吸头盒、冰盒、漂浮板等。

3. 主要试剂及配制方法

（1）LB 培养基　配制方法同本章实验一。

（2）0.1mol/L CaCl$_2$ 溶液　无水 CaCl$_2$ 1.11g，加入去离子水定容至 100mL，搅拌均匀至充分溶解，置于 121℃高压灭菌 20min，4℃保存。

（3）含 15%甘油的 CaCl$_2$ 溶液　无水 CaCl$_2$ 1.11g，甘油 15mL，加入去离子水定容至 100mL，搅拌均匀至充分溶解，置于 121℃高压灭菌 20min，4℃保存。

（4）液氮。

四、实验步骤

1. 受体菌的培养

（1）将购买的商业化大肠杆菌 DH5α、JM109、Top10 等菌株划线接种于 LB 平板上，于 37℃下倒置培养过夜。

（2）从 LB 平板上挑取新活化的单菌落，接种于 3～5mL LB 培养基中，于 37℃、200r/min 振荡培养至对数生长后期，约 12h。

（3）按 1%～3%接种量，吸取 300～900μL 菌液转接于含有 30mL 新鲜 LB 培养基的锥形瓶中，于 37℃、200r/min 振荡培养 2～3h，以确保菌液 A_{600} 达到 0.4～0.6。

（4）培养结束后，立即将菌液置于冰水浴中骤冷，并静置 20min，使菌体细胞停止生长。

2. 感受态细胞的制备及冻存

（1）吸取 1.5mL 菌液至无菌离心管中，于 4℃、3000r/min 离心 5min。

（2）弃上清液，将离心管敞开盖倒扣于吸水纸上 1min，使残液充分流尽。

（3）吸取 0.6mL 冰上预冷的 0.1mol/L $CaCl_2$ 溶液至离心管中，用无菌吸头轻轻吹吸混匀以充分悬浮细胞沉淀，并置于冰浴中静置 30min。

（4）将离心管置于 4℃、3000r/min 离心 5min，弃上清液，将离心管敞开盖倒扣于吸水纸上 1min，使残液充分流尽。

（5）吸取 100μL 冰上预冷的含 15%甘油的 $CaCl_2$ 溶液至离心管中，用无菌吸头轻轻吹吸混匀以充分悬浮细胞沉淀，并置于冰浴中静置 5min。

（6）将制备好的感受态细胞置于液氮中速冻，并立即转入-80℃保存。

五、注意事项

（1）购买的商业化受体细胞应为不含限制性内切酶和甲基化酶的突变株，且应与后续转化实验中选用的载体性质相匹配。

（2）用于制备感受态的菌种最好从-80℃或-20℃甘油管菌液中转接活化获得，不要使用经过多次转接且保存于 4℃的菌液。

（3）应选用处于对数生长期且新鲜幼嫩的细胞制备感受态细胞，因此菌液 A_{600} 应严格控制。

（4）本实验中所使用的试剂需为最高纯度，且应用去离子水配制，经高温高压灭菌后分装保存于 4℃，使用前需置于冰浴中预冷。

（5）本实验中所使用的耗材需经高温高压灭菌处理，使用前需置于冰浴中预冷。

（6）本实验的所有步骤应于超净工作台中严格无菌操作，以防止杂菌、DNA 酶及其他 DNA 的污染。

（7）整个实验操作必须在冰浴中进行，以免影响后续感受态细胞的转化效率。

六、实验记录及分析讨论

1. 实验结果记录

（1）操作步骤（3）中菌液培养的时间为：_____；测得菌液 A_{600} 为：_____。

（2）粘贴感受态细胞制备过程中具有代表性的实验操作照片，要求每张照片下必须注明操作的具体内容。

2. 结果分析讨论

（1）如何验证本次实验制备的感受态细胞是否成功？

（2）本次实验过程中遇到了哪些问题？今后应如何改进？

七、思考题

（1）利用 $CaCl_2$ 法制备感受态细胞的基本原理是什么？

（2）影响感受态细胞制备成功的关键因素有哪些？

（3）用于感受态细胞制备的商业化受体细胞应满足哪些条件？

实验六 大肠杆菌感受态细胞的转化

一、实验目的

1. 掌握外源 DNA 转化大肠杆菌感受态细胞的实验原理。
2. 掌握 $CaCl_2$ 转化法的实验步骤。

二、实验原理

经 $CaCl_2$ 处理后的受体细胞可处于短暂的"感受态"，具有从外界主动摄取外源 DNA 分子的能力。转化是将外源 DNA 分子导入至受体细胞内的过程，可使受体细胞表现出新的遗传性状。当外源 DNA 被细胞外膜吸附后，Ca^{2+} 会与 DNA 分子结合，形成抗 DNA 酶的羟基-磷酸钙复合物而黏附于细胞膜外表面。通过 42℃ 短时间热激处理后，菌体细胞膜的液晶结构即可出现许多通透性增强的膜间隙。此时，外源 DNA 分子便可以羟基-磷酸钙复合物的形式通过膜间隙被摄取进入菌体细胞内，进行自我复制和表达新的遗传信息。

常见的大肠杆菌转化方法包括 $CaCl_2$ 转化法（如图 4.6.1 所示）、电击转化法、三亲本杂交转化法等，可根据实际情况选择合适的转化法。然而，即使在最佳状态下，也只有少数含有外源 DNA 的重组载体被成功转入感受态细胞内。影响重组载体转化效率的因素主要包括受体细胞的状态、重组载体的大小及构型、重组载体的浓度及纯度等。为了鉴定这些转化细胞，需要利用载体上携带的筛选标记，如抗生素抗性标记、营养缺陷标记等。将经过转化的全部受体细胞涂布于筛选平板中培养，含有重组质粒的转化细胞可以在筛选平板上生长，而未转入重组质粒的受体细胞则不能正常生长。

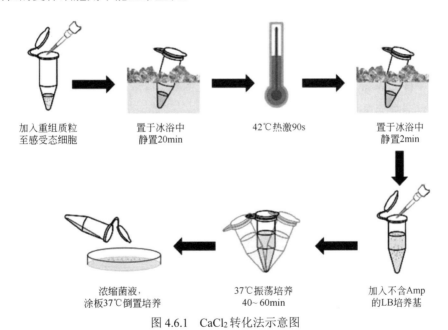

加入重组质粒 至感受态细胞　　置于冰浴中 静置20min　　42℃热激90s　　置于冰浴中 静置2min

浓缩菌液，涂板37℃倒置培养　　37℃振荡培养 40~60min　　加入不含Amp 的LB培养基

图 4.6.1 $CaCl_2$ 转化法示意图

三、实验材料、仪器及试剂

1. 实验材料

（1）大肠杆菌 DH5 α、JM109、Top10 等菌株的感受态细胞，新鲜制备或保存于 –80℃。

（2）含有外源 DNA 片段的重组质粒载体（含 Amp 抗性基因），保存于−20℃。

2. 实验仪器及耗材

电子天平、高压灭菌锅、超净工作台、恒温培养箱、恒温摇床、恒温水浴锅、高速离心机、制冰机、1.5mL 离心管、100mL 锥形瓶、离心管架、微量移液器、吸头、吸头盒、冰盒、漂浮板等。

3. 主要试剂及配制方法

（1）LB 培养基　配制方法同本章实验一。

（2）Amp 储存液　配制方法同本章实验一。

（3）无菌去离子水。

四、实验步骤

1. 重组质粒的转化

（1）取出一支含有 100μL 大肠杆菌感受态细胞的离心管，置于冰浴中（若从−80℃中取出，则需立即放置于冰浴中，待其解冻后备用）。

（2）吸取 5～10μL 含有外源 DNA 片段的重组质粒（DNA 的含量为 50～100ng，体积不应超过感受态细胞的 5%～10%），同时将 5μL 无菌去离子水代替重组质粒作为对照组，均与 100μL 感受态细胞轻柔吹吸混匀，并置于冰浴中静置 20min。

（3）将离心管置于 42℃水浴中热激 90s，并立即转入冰浴中冷却 2min（此步骤应保持静置并精准计时）。

（4）吸取 1mL 不含 Amp 的 LB 培养基至离心管中，充分吹吸混匀后，置于 37℃、160r/min 振荡培养 40～60min，使菌体复苏并表达重组质粒上的 Amp 抗性基因。

（5）培养结束后，将菌液置于 4000r/min 离心 3min；弃去 700μL 上清液后，将剩余的 300μL 上清液与菌体沉淀重新吹吸混匀。

（6）分别吸取 50μL、100μL、150μL 菌液加入至含 100μg/mL Amp 的 LB 平板上涂布均匀，将平板正置 30～60min 至残液充分吸收后，再倒置于 37℃下培养 16～18h，至平板上长出数量较多且清晰无重叠的单菌落。

（7）将对照组菌液涂布于含 100μg/mL Amp 的 LB 平板上作为阴性对照、涂布于不含 Amp 的 LB 平板上作为阳性对照，按照上述相同步骤培养。

2. 转化率的计算

（1）培养结束后，观察实验结果，并统计每个含 Amp 的 LB 平板上长出的菌落总数。

（2）根据下列公式分别计算转化子总数及转化频率、感受态细胞总数及转化效率：

$$\text{转化子总数（个）} = \frac{\text{菌落总数} \times \text{稀释倍数} \times \text{转化反应原液的总体积}}{\text{用于涂板的菌液体积}} \quad (4.6.1)$$

$$\text{转化频率（个/μg DNA）} = \frac{\text{转化子总数}}{\text{重组质粒的加入量}} \quad (4.6.2)$$

$$\text{感受态细胞总数（个）} = \frac{\text{阳性对照平板的菌落总数} \times \text{稀释倍数} \times \text{菌液总体积}}{\text{用于涂板的菌液体积}} \quad (4.6.3)$$

$$\text{感受态细胞的转化效率（%）} = \frac{\text{转化子总数}}{\text{感受态细胞总数}} \quad (4.6.4)$$

五、注意事项

（1）感受态细胞的转化频率与菌体的生长状况关系密切，处于对数生长期且新鲜幼嫩的感受态细胞具有较高的转化频率。

（2）加入的重组质粒的浓度过高或体积过大时，将影响感受态细胞的转化效率。

（3）$CaCl_2$ 转化法中 42℃热激的温度与时间至关重要，应精准控温和计时。

（4）转化后的感受态细胞置于 37℃下振荡复苏培养的时间不宜超过 60min，否则将出现卫星菌落和菌落干扰。

（5）抗生素应待培养基冷却至 50～60℃时再加入，否则易引起抗生素失活。

（6）将培养结束后的菌液涂布平板时应避免反复多次涂布，否则过多的机械挤压将导致细胞破裂、死亡，最终影响转化效率。

（7）应密切关注平板置于 37℃下的培养状态，以免培养时间过长导致无单菌落出现或大量卫星菌落产生，影响后续重组菌落的筛选。

（8）本实验的所有步骤应于超净工作台中严格无菌操作，所使用的耗材需经高温高压灭菌处理，以防止杂菌、DNA 酶及其他 DNA 的污染。

六、实验记录及分析讨论

1. 实验结果记录

（1）粘贴具有代表性的转化平板、阴性对照平板及阳性对照平板的照片，要求平板上的单菌落清晰可辨。

（2）记录用于后续公式计算的代表性转化平板及阳性对照平板上的菌落总数。

2. 分别计算下列数据（要求列出详细计算过程）

（1）转化子总数（个）：_____

（2）重组质粒的转化频率（个/μg DNA）：_____

（3）感受态细胞总数（个）：_____

（4）感受态细胞的转化效率（%）：_____

3. 结果分析讨论

（1）根据教材及其他参考文献中的数据，分析本次实验中重组质粒的转化频率及感受态细胞的转化效率是否符合预期？

（2）影响本次实验结果的主要因素有哪些？今后应如何改进？

七、思考题

（1）$CaCl_2$ 转化法的基本原理是什么？

（2）本实验中设置阴性对照和阳性对照的目的分别是什么？

（3）利用含有抗生素的平板筛选重组子的原理是什么？

（4）影响重组质粒转化效率的主要因素包括哪些？

（5）转化过程中，42℃热激及 37℃振荡培养的目的分别是什么？

（6）转化平板上长出大量卫星菌落的原因是什么？

（7）若转化平板经 37℃培养后仅长出极少量菌落或无菌落长出，可能的原因是什么？

实验七 阳性克隆的筛选和鉴定

一、实验目的

1. 掌握蓝白斑筛选法鉴定阳性克隆的实验原理及操作步骤。
2. 掌握 PCR 法、酶切法鉴定阳性克隆的实验原理及操作步骤。

二、实验原理

含有外源 DNA 片段的重组载体转化进入受体细胞后，由于转化效率有限，仅有少数受体细胞被整合进入重组载体。含有外源 DNA 片段的转化细胞称为阳性克隆。从大量转化后的受体细胞中筛选、鉴定出所需要的阳性克隆是基因工程操作中必不可少的重要步骤。根据载体类型、受体细胞种类及外源 DNA 导入受体细胞的方式不同，可采用多种方法进行阳性克隆的筛选。

1. 抗生素筛选法

当受体细胞不具备某种抗生素的抗性，而重组载体上带有该抗生素的抗性基因（如氨苄青霉素、卡那霉素等），经过转化后只有含有重组载体的阳性克隆才能在含有该抗生素的筛选平板上生长，而未转入重组载体的非阳性克隆则不能生长。

2. 互补筛选法

常用的 pUC、pBluescript Ⅱ 系列载体中含有大肠杆菌 β-半乳糖苷酶基因（$lacZ$）的调控序列及编码 β-半乳糖苷酶氨基端（α-肽链）的 DNA 序列（$lacZ'$基因）。靠近 $lacZ'$基因 5'末端中的多克隆位点区（MCS）含有多个连续的单一限制性内切酶位点，可用于外源 DNA 片段的插入。受体细胞具有 $lacZ$ 突变（$lacZ\triangle M15$），因此只含有 β-半乳糖苷酶羧基端（β-肽链）。α-肽链和 β-肽链分别独立存在时，均不表现出 β-半乳糖苷酶的活性。在异丙基-β-D-硫代半乳糖苷（IPTG）的诱导下，转入至受体细胞的载体可合成 α-肽链，从而与受体细胞的缺失突变实现 α-互补，形成有活性的四聚体 β-半乳糖苷酶，可分解无色底物 X-gal 生成深蓝色产物。因此，转入空载体的受体细胞在含有 X-gal 的筛选平板上可形成蓝色菌落。此时，若载体上的 MCS 插入外源 DNA 形成重组载体，$lacZ'$基因因被插入失活而导致 α-互补作用失效，则转入重组载体的受体细胞在含有 X-gal 的筛选平板上只能形成白色菌落。蓝白斑筛选如图 4.71 和图 4.7.2 所示。

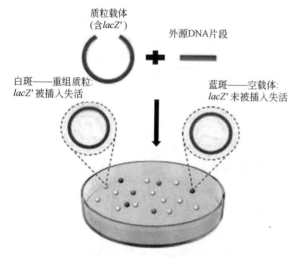

图 4.7.1 蓝白斑筛选示意图

图 4.7.2 蓝白斑筛选的照片

经过上述方法初步筛选得到阳性克隆，可通过菌落快速 PCR 扩增检测或通过质粒提取、酶切鉴定等分子生物学方法进一步鉴定。

三、实验材料、仪器及试剂

1. 实验材料

（1）大肠杆菌 DH5 α、JM109、Top10 等具有 *lacZ* 突变的感受态细胞，新鲜制备或保存于−80℃。

（2）含有外源 DNA 片段的重组质粒载体（含 Amp 抗性基因、*lacZ*），保存于−20℃。

2. 实验仪器及耗材

电子天平、高压灭菌锅、超净工作台、恒温培养箱、恒温摇床、恒温水浴锅、涡旋振荡器、高速冷冻离心机、PCR 仪、紫外线透射仪或凝胶成像仪、微波炉、水平电泳槽、电泳仪、紫外分光光度计、制冰机、200μL PCR 管、500μL 离心管、1.5mL 离心管、100mL 锥形瓶、离心管架、微量移液器、吸头、吸头盒、微量比色皿、冰盒、漂浮板等。

3. 主要试剂及配制方法

（1）LB 培养基　配制方法同本章实验一。

（2）Amp 储存液：配制方法同本章实验一。

（3）20mg/mL X-gal 溶液　X-gal 20mg 充分溶解于 1mL *N,N*-二甲基甲酰胺（DMF）中，置于−20℃避光保存。

（4）200mg/mL IPTG 溶液　IPTG 0.2g，加入无菌去离子水 0.8mL，充分溶解后定容至 1mL，用 0.22 μm 滤膜过滤除菌，置于−20℃避光保存。

（5）无菌去离子水。

（6）PCR 反应试剂盒　含 *Taq* DNA 聚合酶、10×PCR 缓冲液（含 $MgCl_2$）、dNTP 混合物（10mmol/L）。

（7）外源 DNA 序列的特异性上、下游引物（各 10 μmol/L）。

（8）质粒 DNA 提取与检测需用的全部试剂　配制方法同本章实验一。

（9）质粒 DNA 酶切需用的全部试剂　配制方法同本章实验二。

四、实验步骤

1. 阳性克隆的筛选

（1）步骤同本章实验六。

（2）步骤同本章实验六。

（3）步骤同本章实验六。

（4）步骤同本章实验六。

（5）步骤同本章实验六。

（6）取 4μL IPTG 和 40μL X-gal 至离心管中充分混匀，均匀涂布于含 100μg/mL Amp 的 LB 平板上。

（7）等待 30min 后，分别吸取 50μL、100μL、150μL 菌液，加入至上述平板上涂布均匀，将平板正置 30～60min 至残液充分吸收后，再倒置于 37℃下培养 16～18h，至平板上长出数量较多且清晰无重叠的单菌落。

（8）将平板取出后置于 4℃放置 1～3h，以使蓝色菌落（蓝斑）显色更清晰；其中白色菌落（白斑）为阳性克隆。

（9）将对照组菌液涂布于含 100μg/mL Amp 的 LB 平板上作为阴性对照、涂布于不含 Amp 的 LB 平板上作为阳性对照，按照上述相同步骤培养。

2. 阳性克隆的鉴定

（1）在转化平板上随机挑选 5~10 个长势良好、边缘清晰的白色单菌落悬浮于 10μL 无菌去离子水中，并在培养皿底部画圈标好序号。

（2）将上述菌悬液作为 PCR 反应的模板，在 200μL PCR 管中加入如表 4.7.1 所列各组分（反应体系为 20μL），应仔细操作，防止错加、漏加。

表 4.7.1　PCR 体系配制表

组分	体积/μL	组分	体积/μL
无菌去离子水	14	10×PCR 缓冲液（含 MgCl$_2$）	0.5
菌悬液	1	dNTP 混合物	2
上游特异性引物	1	*Taq* DNA 聚合酶	0.5
下游特异性引物	1		

（3）参照外源 DNA 序列扩增的最佳反应条件设置 PCR 仪的循环程序。

（4）PCR 反应结束后，吸取 1~2μL 6×上样缓冲液与 5μL 反应液充分混匀，按照本章实验一中"琼脂糖凝胶电泳检测"的步骤对 PCR 产物进行电泳检测。

（5）对于出现目的 DNA 条带的阳性克隆，可按照标记好的序号找到原始转化平板中的菌落，转接入 10mL 含 100μg/mL Amp 的 LB 培养基中，37℃振荡培养过夜。

（6）参照本章实验一中"质粒 DNA 的提取（碱变性法）"的操作进行质粒 DNA 的提取，剩余菌液置于 4℃保存备用。

（7）以空载体作为对照，吸取 1~2μL 6×上样缓冲液与 5μL 质粒充分混匀，按照本章实验一中"琼脂糖凝胶电泳检测"的步骤对质粒进行电泳检测，根据质粒的大小初步鉴定是否存在重组质粒。

（8）对于初步鉴定为重组质粒的样品，参照本章实验二中"质粒 DNA 的双酶切反应"以及"琼脂糖凝胶电泳检测"的操作进行酶切鉴定，进一步确定重组质粒中插入的外源 DNA 片段是否与预期相符。

（9）对于与空载体的大小相近、无法通过步骤（7）鉴定的重组质粒，可直接通过步骤（8）进行酶切鉴定。

五、注意事项

（1）从转化平板上选取的阳性克隆必须为白色单菌落。

（2）用于重组质粒提取的大肠杆菌必须在含抗生素的 LB 培养基中培养。

（3）X-gal 和 IPTG 均匀涂布于含抗生素的平板后，需放置 30min 后方可继续涂布菌液，不能直接加入至菌液中混合后涂板，否则易引起菌种致死。

（4）为了避免因 X-gal 和 IPTG 涂布不均匀而引起假阳性菌落生成，最好挑选蓝色菌落周边的白色菌落用于进一步阳性克隆的鉴定。

（5）当插入的外源 DNA 片段小于 500bp，且插入片段对 *lacZ'* 基因的阅读框无影响时，平板上可能出现假阴性蓝色菌落，需要进一步鉴定。

（6）抗生素应待培养基冷却至 50～60℃时再加入，否则易引起抗生素失活。

（7）应密切关注平板置于 37℃下的培养状态，以免培养时间过长导致无单菌落出现或大量卫星菌落产生，影响后续重组菌落的筛选。

（8）本实验的所有步骤应于超净工作台中严格无菌操作，所使用的耗材需经高温高压灭菌处理，以防止杂菌、DNA 酶及其他 DNA 的污染。

六、实验记录及分析讨论

1. 实验结果记录

（1）粘贴具有代表性的蓝白斑筛选平板、阴性对照平板及阳性对照平板的照片，要求平板上的单菌落清晰可辨。

（2）粘贴菌落快速 PCR 产物的琼脂糖凝胶电泳图（图中需含有 DNA 分子标记）。

（3）粘贴质粒 DNA 及其酶切产物的琼脂糖凝胶电泳图（图中需同时含有酶切产物、空载体对照、重组质粒、DNA 分子标记）。

2. 结果分析讨论

（1）以代表性的蓝白斑筛选平板为例，根据白色菌落占平板上菌落总数的比率，分析本次实验初步获得的阳性克隆数量是否符合预期？

（2）通过菌落快速 PCR 和酶切法鉴定确认的阳性克隆数量占所选取的白色菌落数量的比率如何？引起假阳性比率较高的原因是什么？

（3）菌落快速 PCR 和酶切法鉴定阳性克隆时，其结果是否一致？若不一致，则说明什么问题？

（4）影响本次实验结果的主要因素有哪些？今后应如何改进？

七、思考题

（1）为了便于阳性克隆的筛选，用于外源 DNA 片段克隆的载体和受体菌必须满足哪些条件？

（2）利用 α-互补作用筛选阳性克隆的原理是什么？

（3）要对转化细胞进行蓝白斑筛选，对载体和受体细胞各有什么要求？

（4）蓝白斑筛选实验中，什么情况下会产生假阴性（蓝斑）和假阳性（白斑）？

（5）通过初步筛选获得的阳性克隆可通过什么方法进一步鉴定？

实验八　外源基因在大肠杆菌中的诱导表达

一、实验目的

1. 了解外源基因在原核细胞中表达的特点。

2. 掌握 IPTG 诱导外源基因表达的实验原理及操作步骤。

二、实验原理

基因工程操作的最终目的是使得外源基因在合适的宿主细胞中高效表达，产生有利用价值的蛋白质或多肽类药物等。基因的表达是指结构基因在调控序列的作用下转录生成的

mRNA 经过加工修饰后，在受体细胞中翻译出相应的基因表达产物，再经过折叠加工最终形成具有一定功能和活性的蛋白质的过程。该过程受到一系列酶及调控因子的调节作用。原核表达系统是最早被采用且发展相对较为成熟的表达系统，原核基因的表达也比真核基因表达更为简单、快速和高效。外源基因在原核生物中的高效表达除了与高效表达载体有关外，还必须选用合适的宿主细胞和一定的诱导因素。

外源基因被整合进入含有 *Lac* 启动子的表达载体[如 pET 系列载体，图 4.8.1 所示为 pET-28a(+)表达载体的图谱]中，使其在大肠杆菌受体细胞中表达。在无诱导剂存在的条件下，由调节基因 *Lac I* 产生的阻遏蛋白与操纵基因 *Lac O* 结合后，将抑制下游外源基因的转录和表达，此时大肠杆菌可以正常生长。待菌体的生长进入最佳状态，再向培养基中加入 *Lac O* 的诱导物 IPTG，使得阻遏蛋白不能与 *Lac O* 结合，从而解除抑制效应，促使外源基因在大肠杆菌细胞中大量转录并高效表达。表达获得的蛋白质产物可通过 SDS-聚丙烯酰胺凝胶电泳（SDS-PAGE）或 Western 杂交（Western-blotting）进行检测。根据载体上插入的外源基因片段中起始密码至终止密码之间的碱基数量可估算其表达产物的分子量（1kb DNA 约相当于 3.7×10^4 Da 蛋白质）。

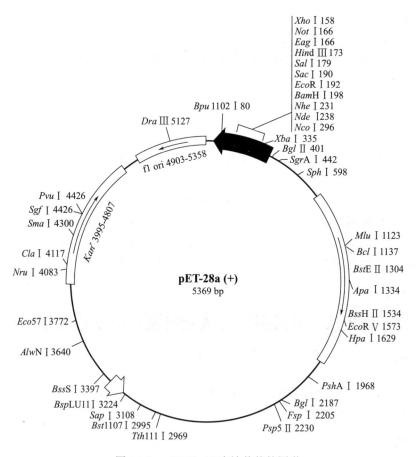

图 4.8.1　pET-28a(+)表达载体的图谱

三、实验材料、仪器及试剂

1. 实验材料

含有外源基因的 pET-28a(+) 重组质粒（含 Kan 抗性基因）的大肠杆菌 BL21（DE3）菌株，活化后将平板保存于 4℃ 备用。

2. 实验仪器及耗材

电子天平、高压灭菌锅、超净工作台、恒温培养箱、恒温摇床、微量比色皿、紫外分光光度计、恒温水浴锅、涡旋振荡器、高速冷冻离心机、50mL 离心管、1.5mL 离心管、离心管架、微量移液器、吸头、吸头盒、冰盒、漂浮板等。

3. 主要试剂及配制方法

（1）LB 培养基　配制方法同本章实验一。

（2）卡那霉素（Kan）储存液　无菌水配制成 10mg/mL Kan 溶液，用 0.22μm 滤膜过滤除菌，分装成小份后置于 -20℃ 保存。

（3）200mg/mL IPTG 溶液　配制方法同本章实验七。

（4）PBS 缓冲液　称取 NaCl 8g、KCl 0.2g、Na_2HPO_4 1.44g 及 KH_2PO_4 0.24g 溶解于 800mL 去离子水中，加入少量浓 HCl 调 pH 至 7.4，再加水定容至 1L；置于 121℃ 高压灭菌 20min，4℃ 保存。

（5）1mol/L 二硫苏糖醇（DTT）储存液　称取 3.09g DTT 溶解于 20mL 0.01mol/L 醋酸钠溶液（pH 5.2）中，用 0.22μm 滤膜过滤除菌，分装成小份后置于 -20℃ 保存。

（6）4×SDS 上样缓冲液　含 0.2mol/L Tris-HCl（pH 6.8）、0.4mol/L DTT（或 40g/L β-巯基乙醇）、80g/L SDS、4g/L 溴酚蓝、40%甘油；不含 DTT 的 4×SDS 上样缓冲液可保存于室温，临用前需将 1mol/L DTT 储存液加入至上述缓冲液中。

四、实验步骤

1. 外源基因的诱导表达

（1）以大肠杆菌 BL21（DE3）空白菌株作为对照组 1，挑取含有外源基因-pET-28a（+）重组质粒的大肠杆菌 BL21（DE3）单菌落，接种于 5mL 含 50μg/mL Kan 的 LB 培养基中（对照组 1 接种于不含 Kan 的 LB 培养基中），于 37℃、180r/min 振荡培养过夜。

（2）按 1%～3%接种量，吸取 100～300μL 菌液转接于 10mL 含 50μg/mL Kan 的新鲜 LB 培养基中（对照组 1 接种于不含 Kan 的 LB 培养基中），于 37℃、200r/min 振荡培养 2～3h，至菌液 A_{600} 达到 0.5～0.8。

（3）吸取 1mL 菌液作为诱导前样品（对照组 2）至无菌离心管中，置于 -20℃ 保存。

（4）加入适量 200mg/mL IPTG 溶液至剩余菌液中，至其终浓度为 0.5mmol/L，于 37℃、200r/min 继续振荡培养。

（5）分别于诱导培养 1h、3h、6h、9h、12h（可根据具体情况选择时间间隔）后吸取 1mL 菌液作为诱导后样品，于微量比色皿中检测 A_{600}，再置于 -20℃ 保存。

2. 表达产物的检测

（1）将对照组 1、对照组 2 和诱导后样品置于 4℃、12000r/min 离心 1min 以充分收集菌体。

（2）将 75μL PBS 缓冲液和 25μL 4×SDS 上样缓冲液分别加入至上述样品中，在涡旋振荡器上剧烈振荡，使菌体充分溶解。

（3）将上述样品置于沸水浴（100℃）中保温 5min，并立即放置于冰浴中冷却，再于 4℃、12000r/min 离心 2min 后，转移上清液至新的无菌离心管中。

（4）吸取 15μL 上述样品进行后续 SDS-PAGE 分析（本章实验九），以检测重组质粒的诱导表达情况。

五、注意事项

（1）本实验中抗生素的种类应根据表达载体上的抗性标记来选择。

（2）选用的大肠杆菌受体细胞应与表达载体的性质相匹配。

（3）IPTG 的浓度对外源基因的表达水平影响较大，可在终浓度为 0.01～5mmol/L 的范围内探索 IPTG 的最佳使用浓度。

（4）经 IPTG 诱导后的基因工程菌在较低的培养温度下可能会产生较多的可溶性蛋白质。

（5）表达载体中插入的外源基因片段中不能带有内含子。

（6）诱导表达的蛋白质产物进行后续 SDS-PAGE 分析之前，需估算或预测蛋白质产物的分子量及溶解性，以便于结果分析。

六、实验记录及分析讨论

1. 实验结果记录

（1）在表 4.8.1 中记录诱导培养不同时间后菌液的 A_{600}。

表 4.8.1 经不同诱导培养时间后菌液的 A_{600} 记录表

诱导时间/h	A_{600}	诱导时间/h	A_{600}
1		9	
3		12	
6			

（2）空白菌株对照、诱导前样品和诱导后样品的 SDS-PAGE 电泳图谱见本章实验九。

2. 结果分析讨论

（1）本实验中经诱导培养不同时间后菌液的 A_{600} 变化有何规律？说明什么问题？

（2）为什么在诱导培养前需将菌液培养至 A_{600} 达到 0.5～0.8？

（3）影响本次实验结果的主要因素有哪些？今后应如何改进？

七、思考题

（1）原核生物的表达载体与克隆载体相比有何区别？

（2）常见的大肠杆菌表达载体有哪些特点？

（3）影响外源基因在大肠杆菌中诱导表达的主要因素有哪些？

（4）利用 IPTG 诱导外源基因在大肠杆菌中表达的原理是什么？

（5）如何避免外源基因的表达产物在大肠杆菌中形成无生物学活性的包涵体？

（6）除了诱导时间之外，本实验还可以设置哪些因素的优化过程？

实验九　SDS-PAGE 检测表达蛋白

一、实验目的

1. 掌握 SDS-PAGE 分离、检测蛋白质的原理。
2. 掌握 SDS-PAGE 检测表达蛋白的实验步骤。

二、实验原理

聚丙烯酰胺凝胶是以单体丙烯酰胺（Acr）和少量交联剂亚甲基双丙烯酰胺（Bis）为材料，在加速剂 N,N,N',N'-四甲基乙二胺（TEMED）的作用下通过化学催化剂过硫酸铵（APS）或光催化聚合作用下形成含酰氨基侧链的脂肪族长链。这些相邻长链之间通过亚甲基桥连接形成具有三维空间的高聚物。经过聚合后的聚丙烯酰胺凝胶可形成网状结构，其孔径的大小与链长度及交联度有关，同时具有浓缩效应、电荷效应、分子筛效应，适用于小分子 DNA、寡聚核苷酸和蛋白质的分离，对 DNA 序列分析起重要作用。

SDS-聚丙烯酰胺凝胶电泳（SDS-PAGE）技术主要用于分离、测定蛋白质亚基的分子量。蛋白质经加热变性后，二级、三级结构被破坏并水解为多肽链。作为阴离子去污剂的 SDS 可断裂分子内及分子间的氢键和疏水键，而强还原剂（如巯基乙醇）则能使二硫键断裂。变性后的蛋白质样品与 SDS 呈 1∶1 结合形成长椭圆棒状的蛋白质-SDS 胶束，使其所带的负电荷大大超过蛋白质样品原有的电荷，因此抵消了不同蛋白质分子间的结构和电荷差异，电泳迁移速率仅取决于分子量的大小。由于聚丙烯酰胺凝胶浓度的高低决定了其孔径的大小，因此在分离不同分子量的蛋白质时，凝胶浓度的选择尤其重要。具体可参见表 4.9.1。

表 4.9.1　不同浓度的聚丙烯酰胺凝胶对蛋白质的有效分离范围表

聚丙烯酰胺凝胶浓度/%	蛋白质的分子量范围/kDa	聚丙烯酰胺凝胶浓度/%	蛋白质的分子量范围/kDa
5	60～212	12.5	15～60
7.5	30～120	15	15～45
10	18～75		

蛋白质-SDS 复合物在电场的作用下向正极泳动，按分子量的大小排列在胶板的不同位置上，再经考马斯亮蓝或者硝酸银染色后即可观察到清晰的蛋白质条带。条带的粗细反映出蛋白质含量的多少。此外，SDS-PAGE 还可以用于蛋白质分子量的测定。当蛋白质的分子量为 15～200 kDa 时，其相对迁移率（每个条带的移动距离与溴酚蓝前沿移动距离的比值）与其分子量的对数呈线性关系。以每个蛋白质标准分子量的对数对其相对迁移率作图绘制标准曲线，通过量出迁移率则可测得未知蛋白质的分子量。如图 4.9.1 所示为 SDS-PAGE 的装置图。

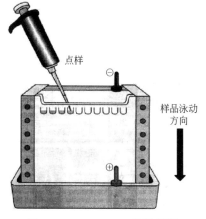

点样

样品泳动方向

图 4.9.1　SDS-PAGE 的装置图

三、实验材料、仪器及试剂

1. 实验材料

本章实验八保存的对照组 1、对照组 2 和诱导后样品。

2. 实验仪器及耗材

电子天平、高压灭菌锅、恒温摇床、恒温水浴锅、垂直板电泳装置、电泳仪、高速冷冻离心机、制冰机、50mL 离心管、1.5mL 离心管、离心管架、微量移液器、胶头滴管、烧杯、滤纸、吸头、吸头盒、胶铲、带盖搪瓷盘、冰盒等。

3. 主要试剂及配制方法

（1）蛋白质分子标记。

（2）10% APS 溶液 称取 0.1g APS 充分溶解于 1mL 去离子水中，置于 4℃保存。

（3）10% SDS 溶液 称取 10g SDS 充分溶解于 100mL 去离子水中，置于室温保存。

（4）TEMED。

（5）10×Tris-甘氨酸电泳缓冲液 分别称取 6g Tris 碱、28.8g 甘氨酸、10g SDS，再加入 900mL 去离子水充分搅拌至彻底溶解，调 pH 至 8.3 后，再加水定容至 1 L，置于 4℃保存备用；使用前需用去离子水稀释 10 倍至 1 倍后方可使用。

（6）30%丙烯酰胺溶液 分别称取 30g Acr、0.8g Bis，加入去离子水充分溶解并定容至 100mL，过滤后置于 4℃避光保存，可使用 1~2 个月。

（7）分离胶缓冲液（3mol/L Tris-HCl） 称取 36.6g Tris 碱充分溶解于 50mL 去离子水中，用浓盐酸调 pH 至 8.8 后，再加水定容至 100mL。

（8）浓缩胶缓冲液（1mol/L Tris-HCl） 称取 12.1g Tris 碱充分溶解于 50mL 去离子水中，用浓盐酸调 pH 至 6.8 后，再加水定容至 100mL。

（9）考马斯亮蓝染色液 称取 1g 考马斯亮蓝 R-250 溶于 100mL 去离子水中，再分别量取 500mL 甲醇和 100mL 冰醋酸，搅拌使之充分溶解，再加水定容至 1 L（若有颗粒不溶物则需过滤）。

（10）脱色液 量取 75mL 冰醋酸、50mL 甲醇，加入去离子水定容至 1 L。

（11）1mol/L DTT 储存液 配制方法同本章实验八。

（12）4×SDS 上样缓冲液 配制方法同本章实验八。

四、实验步骤

1. 电泳胶的灌制

（1）清洗并擦干制胶用玻璃板，根据产品说明书和教师的演示安装好垂直板电泳槽。注意短玻璃面朝向自己，保持密封以防止胶液泄漏。

（2）按照表 4.9.2 所示，根据蛋白质产物的分子量大小配制某一质量浓度的分离胶溶液，总体积约 7.5mL。

表 4.9.2 不同浓度分离胶溶液的配制表

分离胶浓度/% 各组分体积	6	8	10	12	15
去离子水/mL	5	4.5	4	3.5	2.75
30%丙烯酰胺溶液/mL	1.5	2	2.5	3	3.75
分离胶缓冲液/mL	0.9	0.9	0.9	0.9	0.9
10% SDS 溶液/μL	75	75	75	75	75
10% APS 溶液/μL	60	60	60	60	60
TEMED/μL	5	5	5	5	5

（3）将分离胶沿着玻璃板缓缓灌入制胶槽中（注意不要产生气泡），凝胶液面距离梳子齿 0.5～1cm。

（4）在分离胶溶液上轻轻覆盖一层去离子水封胶（以防止因氧气扩散至凝胶内部而抑制聚合反应），于室温下静置 0.5～1h，至凝胶充分聚合（此时可见清晰的胶、水分层界面）。

（5）轻轻倒去水层，用去离子水充分洗涤凝胶顶部数次以去除未聚合的丙烯酰胺，再用滤纸吸尽残余的液体。

（6）配制含有表 4.9.3 所列组分的 5%浓缩胶溶液，总体积约 3mL。

表 4.9.3　5%浓缩胶溶液的配制表

组分	体积	组分	体积
去离子水	2.1mL	10% SDS 溶液	25μL
30%丙烯酰胺溶液	0.5mL	10% APS 溶液	25μL
浓缩胶缓冲液	0.37mL	TEMED	5μL

（7）将浓缩胶溶液迅速灌入至已聚合的分离胶面上，将梳子小心插入至凝胶内（注意不要产生气泡），再灌入浓缩胶溶液以充满梳子间的空隙，于室温下聚合 0.5h 后拔出梳子。

（8）用去离子水充分洗涤凝胶顶部数次以去除未聚合的丙烯酰胺，再用滤纸吸尽残余的液体。

2. 电泳

（1）将胶板放置于电泳槽中，加入 1×Tris-甘氨酸电泳缓冲液，使缓冲液的液面略高于胶面。

（2）分别吸取 15μL 本章实验八制备的对照组 1、对照组 2 和诱导后的蛋白质样品，与蛋白质分子标记分别加入至不同点样孔中（注意不要产生气泡）。如图 4.9.1 所示。

（3）将垂直板电泳装置的上槽和下槽分别连接电泳仪电源的负极和正极，设置起始电压为 70～80 V、起始电流为 20mA，开始电泳。

（4）待溴酚蓝前沿进入分离胶部分，则可将电压调整至 100～120 V、电流调整至 30mA，继续电泳。

（5）待溴酚蓝前沿到达电泳槽底部（需 1～3h）时，可关闭电源、取出玻璃板。

3. 染色

（1）电泳结束后，用专用胶板轻轻撬开玻璃板，将凝胶剥离出来，并弃去浓缩胶，做好方位标记。

（2）用清水将分离胶洗净，置于考马斯亮蓝染色液中，于室温以 50r/min 缓慢摇动染色过夜。

4. 脱色

（1）染色结束后，先用清水将凝胶表面漂洗数次，再将凝胶置于脱色液中，于室温以 50r/min 缓慢摇动脱色（每 20min 更换一次脱色液，需换液 3～4 次），至蓝色背景褪色变淡，条带清晰可见。

（2）观察实验结果，寻找诱导后的蛋白质样品与对照组 1、对照组 2 之间条带的差异。根据蛋白质分子标记确定差异条带的分子量范围，判断其是否为预期目的基因的表达产物。根据条带的粗细或深浅分析经诱导后蛋白表达量的变化趋势。

5. 电泳迁移率的计算

（1）根据公式（4.9.1）计算蛋白质标准分子量和样品蛋白的电泳迁移率。

$$电泳迁移率 = \frac{蛋白条带移动距离}{溴酚蓝前沿移动距离} \times \frac{染色前胶的长度}{脱色后胶的长度} \tag{4.9.1}$$

（2）以每个蛋白质标准分子量的迁移率作为横坐标，以其分子量作为纵坐标，可绘制一条标准曲线。计算得出样品蛋白的电泳迁移率，通过该标准曲线即可知样品蛋白的分子量。

五、注意事项

（1）实验操作过程中使用的试剂具有一定的毒性，必须穿好实验服、戴口罩和一次性手套操作。

（2）APS 溶液最好现用现配，置于 4℃可保存 2 周左右，过期则会失去催化活性。

（3）由于电泳缓冲液中含有 SDS，加水时应使水沿着杯壁缓缓流下，以避免过多的泡沫产生。

（4）虽然电泳缓冲液经回收后可以重复使用，但为了取得最佳的实验结果，最好使用新鲜配制的电泳缓冲液。

（5）制备好的凝胶若不立刻使用，可将整个制胶板用保鲜膜包好，置于 4℃可保存一周。

（6）灌制凝胶时应尽量避免产生气泡，否则将影响电泳时电流的通过。

（7）加样孔中的上样量控制在每孔 10～20μL（5～10μg），同时空泳道中最好也加入上样缓冲液，以防止邻近泳道样品的互相扩散和边缘效应的产生。

（8）电泳时间取决于聚丙烯酰胺凝胶浓度、缓冲系统及电泳参数等因素。

（9）与常规凝胶相比，加入 SDS 的凝胶需要更长的染色时间和更多的染色液体积。

（10）SDS-PAGE 法测定的是蛋白质亚基或单条肽链的分子量，为了测定蛋白质样品完整而精确的分子量，最好使用两种以上的方法互相验证。

六、实验记录及分析讨论

1. 实验结果记录

粘贴目的基因表达产物的 SDS-PAGE 电泳图（图中需同时包含蛋白质分子标记、对照 1、对照 2 和诱导表达不同时间后的蛋白质样品）。

2. 通过蛋白质标准分子量的电泳迁移率绘制标准曲线，并计算得出目的基因表达产物的分子量。

3. 结果分析讨论

（1）诱导表达不同时间后的蛋白质样品条带有何变化规律？说明什么问题？

（2）若对照 2 中未出现目的基因表达产物的蛋白质条带，说明什么问题？

（3）若目的基因表达产物的分子量与预期结果不符，可能是哪些原因引起的？

（4）影响本次实验结果的主要因素有哪些？今后应如何改进？

七、思考题

（1）SDS-PAGE 的基本原理是什么？

（2）影响样品蛋白质与 SDS 结合的主要因素有哪些？

（3）上样缓冲液中包括哪些成分？各有何作用？

（4）除了考马斯亮蓝染色液之外，分离胶还可以用什么方法染色？

（5）琼脂糖凝胶电泳和 SDS-PAGE 相比，有何不同？

（6）如何利用 SDS-PAGE 的结果估算目的基因表达产物的分子量？

第五章

酶与蛋白质工程实验

"酶与蛋白质工程实验"是与酶与蛋白质工程课程同时开设的实验课程，是理论教学的深化和补充，具有较强的实践性，是一门重要的技术基础课。酶与蛋白质工程作为生命科学的基础学科之一，其基本理论和实验技术已渗透到生物学的各个领域。因此，通过实验教学使学生了解、验证、巩固和加深所学理论知识，掌握酶与蛋白质工程研究的基本实验技能，培养科学、严谨、实事求是的学风，提高动手能力、分析问题和解决问题的能力，以及引发创新性思维。

实验一　过氧化氢酶活性的测定

一、实验目的

1. 理解高锰酸钾溶液滴定法测定过氧化氢酶活性的实验原理。
2. 掌握高锰酸钾溶液滴定法测定过氧化氢酶活性的操作步骤。

二、实验原理

过氧化氢酶（CAT）属于血红蛋白酶，含有铁，它能催化过氧化氢分解为水和分子氧，在此过程中起传递电子的作用，过氧化氢则既是氧化剂又是还原剂。可根据 H_2O_2 的消耗量或 O_2 的生成量测定该酶活力大小。CAT 酶活性的大小可用一定时间内分解的 H_2O_2 量来表示。在反应系统中加入一定量（反应过量）的过氧化氢溶液，经酶促反应后，用标准高锰酸钾溶液（在酸性条件下）滴定多余的过氧化氢，即可求出消耗的 H_2O_2 的量。反应式如下：

$$5H_2O_2 + 2KMnO_4 + 4H_2SO_4 \longrightarrow 5O_2 + 2KHSO_4 + 8H_2O + 2MnSO_4$$

三、实验材料、仪器及试剂

1. 实验材料

新鲜植物叶片。

2. 实验仪器及耗材

电子天平、恒温水浴锅、电磁炉、离心机、研钵/研棒、50mL 锥形瓶、25mL 容量瓶、250mL 容量瓶、酸式滴定管、试管、移液管、胶头移液管、烧杯、量筒、吸水纸、标签纸、记号笔等。

3. 实验试剂及配制方法

（1）10% H_2SO_4　量取浓 H_2SO_4 100mL，用蒸馏水稀释至 1000mL。

（2）0.2mol/L pH 7.8 磷酸盐缓冲液

A 液：$Na_2HPO_4 \cdot 12H_2O$，分子量=358.14g/mol，0.2mol/L 溶液含 71.628g/L。

B 液：$NaH_2PO_4 \cdot 2H_2O$，分子量=156.01g/mol，0.2mol/L 溶液含 31.202g/L。

A 液 1000mL、B 液 100mL 先单独配制，然后根据 1000mL（pH 7.8）=915mL A 液+85mL B 液的比例混合，即得。不同 pH 的 0.2mol/L 磷酸盐缓冲液的配制具体方法见附录三。

（3）0.1mol/L 高锰酸钾标准液　称取 $KMnO_4$ 15.8g，用新煮沸并冷却的蒸馏水配制成 1000mL，再用 0.1mol/L 草酸溶液标定。

（4）0.1mol/L H_2O_2　取 30% H_2O_2 溶液 5.68mL，稀释至 1000mL，用标准 0.1mol/L $KMnO_4$ 溶液（在酸性条件下）进行标定。

（5）0.1mol/L 草酸（$H_2C_2O_4$）　称取优级纯 $H_2C_2O_4 \cdot 2H_2O$ 12.607g，用蒸馏水溶解后，定容至 1000mL。

四、实验步骤

1. 酶液提取

取叶片 2.5g（去叶脉），加入 pH 7.8 的磷酸盐缓冲溶液少量，研磨成匀浆，转移至 25mL 容量瓶中，用该缓冲液冲洗研钵，并将冲洗液转至容量瓶中，用同一缓冲液定容，以 10000r/min 离心 12min，上清液即为过氧化氢酶的粗提液。

2. 显色反应

取 50mL 锥形瓶 4 个（两个测定，两个对照），测定瓶加入酶液 2.5mL，对照瓶为灭活酶液 2.5mL；再加入 2.5mL 0.1mol/L H_2O_2，同时计算时间，于 30℃恒温水浴中反应 10min，立即加入 10% H_2SO_4 2.5mL。然后用 0.1mol/L $KMnO_4$ 滴定，至出现粉红色（30s 内不消失）为滴定终点。

五、注意事项

（1）不用加指示剂，利用高锰酸钾颜色判断终点，粉红色 30s 内不消失即为滴定终点。

（2）配制 10%浓硫酸时，将浓硫酸沿着器壁慢慢注入水里，并不断搅拌。切不可将水注入浓硫酸，这样会造成液滴飞溅。

六、结果记录及分析讨论

1. 实验结果记录

（1）样品的鲜重。

（2）测定 $KMnO_4$ 滴定体积（mL）。

（3）对照 $KMnO_4$ 滴定体积（mL）。

2. 植物叶片中过氧化氢酶活性的计算

酶活性用每克鲜重样品每分钟内分解 H_2O_2 的质量（mg）表示：

$$过氧化氢酶活性[mg\ H_2O_2/(g \cdot min)]=5（A-B）\times c_{KMnO_4} \times V_T \times 1.7/（m \times V_S）$$

式中　A——对照 $KMnO_4$ 滴定体积，mL；

　　　B——酶反应后 $KMnO_4$ 滴定体积，mL；

　c_{KMnO_4}——标准高锰酸钾的浓度，mol/L；

　　　V_T——提取酶液总量，mL；

　　　V_S——反应时所用酶液量，mL；

　　　m——样品鲜重，g。

3．结果分析讨论

查阅文献资料，比较实验测得的植物组织材料中过氧化氢酶活性是否符合理论值；试全面分析影响过氧化氢酶活性的影响因素。

七、思考题

（1）高锰酸钾滴定要注意的事项有哪些？

（2）高锰酸钾滴定过氧化氢的实验中，为什么要加 10% H_2SO_4？

实验二　淀粉酶的提取和活性测定

一、实验目的

1．掌握淀粉酶的提取方法。

2．掌握淀粉酶的测定方法。

二、实验原理

萌发的种子中存在两种淀粉酶，分别是 α-淀粉酶和β-淀粉酶，β-淀粉酶不耐热，在高温下易钝化，而 α-淀粉酶不耐酸，在 pH3.6 下发生钝化。本实验的设计利用β-淀粉酶不耐热的特性，在高温（70℃）下处理使得β-淀粉酶钝化而测定 α-淀粉酶的酶活性。

酶活性的测定是通过测定一定量的酶在一定时间内催化淀粉得到的麦芽糖的量来实现的，淀粉酶水解淀粉生成的麦芽糖，可用 3,5-二硝基水杨酸试剂测定，由于麦芽糖能将后者还原生成 3-氨基-5-硝基水杨酸的显色基团，由于其颜色的深浅与糖的含量成正比，故可求出麦芽糖的含量。常用单位时间内生成麦芽糖的质量（mg）表示淀粉酶活性的大小。然后利用同样的原理测得两种淀粉酶的总活性。实验中为了消除非酶促反应引起的麦芽糖的生成带来的误差，每组实验都做了相应的对照实验，在最终计算酶的活性时以测量组的值减去对照组的值加以校正。

三、实验材料、仪器及试剂

1．实验材料

萌发的植物种子（小麦种子、水稻种子、绿豆种子等）。

2．实验仪器及耗材

电子天平、紫外分光光度计、恒温水浴锅、离心机、研钵/研棒、具塞刻度试管、50mL 容量瓶、100mL 容量瓶、擦镜纸、移液管、胶头移液管、烧杯、量筒、培养皿（用于浸泡植物种子）、吸水纸、标签纸等。

3．实验试剂及配制方法

（1）1%淀粉溶液　称取 1g 可溶性淀粉，加入 80mL 蒸馏水，加热溶解，冷却后定容至100mL。

（2）pH5.6 的柠檬酸缓冲液

A 液（0.1mol/L）：称取一水柠檬酸 21.014g，溶解后定容至 1 L。

B 液（0.1mol/L）：称取二水柠檬酸钠 29.41g，溶解后定容至 1 L。

取 A 液 5.5mL、B 液 14.5mL 混匀，即为 pH5.6 的柠檬酸缓冲液。

（3）3,5-二硝基水杨酸溶液　称取 3,5-二硝基水杨酸 1.00g，溶于 20mL 1mol/L 氢氧化钠中，加入 50mL 蒸馏水，再加入 30g 酒石酸钠，待溶解后，用蒸馏水稀释至 100mL，盖紧瓶盖以棕色瓶避光保存。

（4）麦芽糖标准液　称取 0.100g 麦芽糖，溶于少量蒸馏水中，小心移入 100mL 容量瓶中定容。

（5）0.4mol/L NaOH 溶液　16g NaOH 用去离子水定容至 1000mL。

四、实验步骤

1. 酶液的制备

称取 2g 萌发的植物种子于研钵中，加少量石英砂，研磨至匀浆，转移到 50mL 容量瓶中用蒸馏水定容至刻度，混匀后在室温下放置，每隔数分钟振荡一次，提取 15～20min，于 3500r/min 离心 20min，取上清液备用。

2. α-淀粉酶活性的测定

（1）取 4 支试管，2 支为对照管，另 2 支为测定管。

（2）于每管中各加酶提取液 1mL，在 70℃ 恒温水浴（水浴温度的变化不应超过±0.5℃）中准确加热 15min，在此期间β-淀粉酶钝化，取出后迅速在冰浴中彻底冷却。

（3）在试管中各加入 1mL 柠檬酸缓冲液。

（4）向两支对照管中各加入 4mL 0.4mol/L NaOH 溶液，以钝化酶的活性。

（5）将测定管和对照管置于 40℃（±0.5℃）恒温水浴中准确保温 15min，再向各管分别加入 40℃下预热的淀粉溶液 2mL，摇匀，立即放入 40℃水浴中准确保温 5min 后取出，向两支测定管分别迅速加入 4mL 0.4mol/L NaOH 溶液，以终止酶的活性，然后准备下一步糖的测定。

3. 两种淀粉酶总活性的测定

取步骤 1 得到的粗酶液 5mL 于 100mL 容量瓶中，用蒸馏水稀释至刻度（稀释倍数视样品酶活性大小而定，一般为 20 倍）。混合均匀后，取 4 支管，2 支为对照管，另 2 支为测定管，各管加入 1mL 稀释后的酶液及 pH5.6 柠檬酸缓冲液 1mL，以下步骤重复 α-淀粉酶测定的第（4）及第（5）步的操作。

4. 麦芽糖的测定

（1）标准曲线的制作　取 15mL 具塞试管 7 支，编号，分别加入麦芽糖标准液（1mg/mL）0mL、0.1mL、0.3mL、0.5mL、0.7mL、0.9mL、1.0mL，用蒸馏水补充至 1.0mL，摇匀后再加入 3,5-二硝基水杨酸 1mL，摇匀，沸水浴中准确保温 5min，取出冷却，用蒸馏水稀释至 15mL，摇匀后用分光光度计于 520nm 波长下比色，记录吸光值，以吸光值为纵坐标、麦芽糖含量为横坐标绘制标准曲线。

（2）样品的测定　取 15mL 具塞试管 8 支，编号，分别加入步骤 2 和 3 中各管的溶液各 1mL，再加入 3,5-二硝基水杨酸 1mL，摇匀，在沸水浴中准确煮沸 5min，取出冷却，用蒸馏水稀释至 15mL，摇匀后用分光光度计于 520nm 波长下比色，记录吸光值，根据标准曲线进行结果计算。

五、注意事项

（1）麦芽糖标准溶液需要现用现配。

（2）酶促反应开始之前，需要对底物进行提前预热，确保反应时间精确。

六、结果记录及分析讨论

1. 实验结果记录

麦芽糖标准液浓度/(mg/mL)	0	0.1	0.3	0.5	0.7	0.9	1.0
OD$_{520}$							
OD$_{520}$							
平行组数据均值 OD$_{520}$							
样品麦芽糖浓度/(mg/mL)							

以表中前两行数据绘制标准曲线，计算上表中第 4 行数据（各样品的 OD 值）均值，填入上表第 5 行中，根据标准曲线的方程，计算第 5 行 OD 值所对应的麦芽糖浓度，填入最下行。

2. 淀粉酶活性的计算

根据以上数据整理结果，结合公式（5.2.1）和公式（5.2.2）计算两种淀粉酶的活性。

$$\alpha\text{-淀粉酶活性（以鲜重计）}[mg\ 麦芽糖/(g \cdot min)] = \frac{(A - A') \times 样品稀释总体积}{样品重 \times 5} \quad (5.2.1)$$

$$(\alpha\text{-}+\beta\text{-})淀粉酶总活性（以鲜重计）[mg\ 麦芽糖/(g \cdot min)] = \frac{(B - B') \times 样品稀释总体积}{样品重 \times 5} \quad (5.2.2)$$

式中　A—— α-淀粉酶测定管中的麦芽糖浓度，mg/mL；

　　　A'—— α-淀粉酶对照管中的麦芽糖浓度，mg/mL；

　　　B——（α-+β-）淀粉酶总活性测定管中的麦芽糖浓度，mg/mL；

　　　B'——（α-+β-）淀粉酶总活性对照管中的麦芽糖浓度，mg/mL；

　　　5——酶促反应时间，min。

3. 结果分析讨论

计算结果如下：

α-淀粉酶活性=＿＿＿＿＿＿＿＿＿＿＿＿[mg 麦芽糖/（g 鲜重·min）]

（α-+β-）淀粉酶活性=＿＿＿＿＿＿＿＿＿＿＿[mg 麦芽糖/（g 鲜重·min）]

β-淀粉酶活性=＿＿＿＿＿＿＿＿＿＿＿＿[mg 麦芽糖/（g 鲜重·min）]

查阅文献资料，比较实验测得的萌发的植物种子中淀粉酶活性是否符合理论值，试全面分析影响淀粉酶活性的影响因素。

七、思考题

（1）你认为本实验最易产生的对实验结果有较大影响的操作步骤有哪些？为什么？怎样的操作策略可以尽量减少误差？

（2）α-淀粉酶活性测定时，在 70℃水浴中为何要严格保温 15min？保温后为何要立即于冰浴中骤冷？

（3）pH5.6 的柠檬酸缓冲液的作用是什么？各管于 40℃水浴准确保温 15min 的作用是什么？

（4）众多测定淀粉酶活性的实验设计中一般均采取钝化β-淀粉酶而测 α-淀粉酶的活性和

测总酶活性的策略，为何不采取钝化 α-淀粉酶去测β-淀粉酶活性的策略呢？这种设计思路说明了什么？

实验三　胆绿素还原酶的修饰与活性基团鉴定

一、实验目的

1. 掌握酶化学修饰的基本原理和方法。
2. 熟悉判断酶的必需基团的方法。

二、实验原理

血红素是铁卟啉化合物，是血红蛋白的辅基，也是过氧化氢酶、肌红蛋白、细胞色素等的辅基。在哺乳动物体内，当血红素蛋白降解时，血红素几乎全部转变成胆红素和一氧化碳。这一转变过程是由血红素加氧酶和胆绿素还原酶催化完成的。前者是一种特殊结合在微粒体膜上的酶，能催化血红素 b 氧化成胆绿素IX α，后者是一种胞浆酶，在 NAD（P）H 的存在下，能将胆绿素IX α还原成胆红素IX α。

酶分子中的许多侧链基团可以被化学修饰。这种修饰可以帮助了解哪些基团是保持酶活性所必需的，哪些基团对维持酶的催化反应并不重要。当化学修饰试剂与酶分子上的某种侧链基团结合后，酶的活性降低或者丧失，表明这种被修饰的残基是酶活性所必需的。

酶分子中有许多基团，如巯基、羟基、咪唑基、胍基、氨基和羧基等可被共价化学修饰。可以用来进行化学修饰的试剂也很多，如二硝基苯甲酸（DTNB）和 N-乙基马来酰亚胺（NEM）是巯基的修饰剂，可以用来鉴定半胱氨酸残基是否是酶活性所必需的。磷酸吡哆醛（维生素 B_6 与磷酸结合形成）可以与赖氨酸残基起反应；2,3-丁二酮（2,3-BD）则可以和精氨酸残基起反应。本实验以胆绿素还原酶为材料，分别以 DTNB、NEM、磷酸吡哆醛和丁二酮为化学修饰剂，研究胆绿素还原酶活性所必需的残基。

三、实验材料、仪器及试剂

1. 实验材料
胆绿素还原酶。
2. 实验仪器及耗材
电子天平、紫外分光光度计、恒温水浴锅、试管、擦镜纸、移液管、胶头移液管、烧杯、量筒、容量瓶、吸水纸、标签纸等。
3. 实验试剂及配制方法
（1）胆绿素　浓度配制成 2mmol/L。
（2）NADPH　浓度配制成 10mmol/L。
（3）二硝基苯甲酸（DTNB）　浓度配制成 0.25mol/L。
（4）N-乙基马来酰亚胺（NEM）　浓度配制成 0.05mol/L。
（5）磷酸吡哆醛　浓度配制成 20mmol/L。
（6）2,3-丁二酮　浓度配制成 0.115mol/L。
（7）0.01mol/L pH7.4 磷酸盐缓冲液。

四、实验步骤

1. 酶的测定是在 0.01mol/L pH7.4 磷酸盐缓冲液中进行的。总体积为 4mL，内含 5μmol/L 胆绿素、100μmol/L NADPH，酶量固定。根据修饰实验的需要，加入不同的修饰试剂。

2. 在 DTNB 修饰反应中，向不同的反应试管中分别加入 0.00mmol/L、0.10mmol /L、0.20mmol/L、0.30mmol/L、0.40mmol/L 的 DTNB。

3. 在 NEM 修饰反应中，向不同的反应试管中分别加入 0.00mmol/L、0.50mmol /L、1.00mmol/L、1.50mmol/L、2.00mmol/L 的 NEM。

4. 在磷酸吡哆醛修饰反应中，向不同的反应试管中分别加入 0.00mmol/L、1.00mmol/L、2.00mmol/L、3.00mmol/L 的磷酸吡哆醛。

5. 在 2,3-丁二酮修饰反应中，向不同的反应试管中分别加入 0.0mmol/L、10.0mmolL、20.0mmol/L、30.0mmol/L 的 2,3-丁二酮。

6. 在加入各修饰试剂后，于 37℃在暗处保温 30min，通过测定 450nm 处的吸光值来反映酶活性的变化，以判断胆绿素还原酶活性所必需的基团。

五、注意事项

酶的各类修饰反应要避光，需要在暗处进行。

六、结果记录及分析讨论

1. 实验结果记录

记录不同反应条件下，在波长 450nm 处的吸光值。

2. 修饰试剂浓度变化对酶活性的影响

以修饰试剂浓度为横坐标，以残存酶活性为纵坐标，分别绘制出修饰试剂浓度变化对酶活性的影响。

3. 结果分析讨论

分析胆绿素还原酶活性所必需的基团。

七、思考题

胆绿素还原酶催化的反应为什么需要在暗处进行？

实验四　壳聚糖微球固定化木瓜蛋白酶

一、实验目的

1. 掌握共价交联法制备固定化酶的一般过程。
2. 掌握计算固定化酶活力回收率的方法。

二、实验原理

壳聚糖（chitosan，CTS）是甲壳素的脱乙酰化产物，是一种氨基多糖，具有生物相容性好、无毒、易得等优点。采用壳聚糖为载体，以戊二醛为交联剂，可实现酶的固定化。壳聚糖分子及固定化反应如下：

木瓜蛋白酶活性测定的原理是蛋白酶在一定温度与 pH 条件下，水解酪蛋白底物，然后加入三氯乙酸终止酶反应，并使未水解的酪蛋白沉淀除去，滤液对紫外光有吸收，可用紫外分光光度法测定，根据吸光度计算酶活力。

三、实验材料、仪器及试剂

1. 实验材料

壳聚糖。

2. 实验仪器及耗材

电子天平、恒温水浴锅、水平摇床、离心机、紫外分光光度计、真空干燥箱、注射器、三角漏斗、试管、擦镜纸、移液管、胶头移液管、烧杯、量筒、容量瓶、吸水纸、标签纸等。

3. 实验试剂及配制方法

（1）pH 7.8 磷酸盐缓冲液（PBS）

A 液：$Na_2HPO_4 \cdot 12H_2O$ 分子量=358.14g/mol，0.2mol/L 溶液含 71.628g/L；

B 液：$NaH_2PO_4 \cdot 2H_2O$ 分子量=156.01g/mol，0.2mol/L 溶液含 31.202g/L；

A 液 1000mL、B 液 100mL 先单独配制；然后根据 1000mL pH 7.8 磷酸盐缓冲液=915mL A 液+85mL B 液的比例混合，即得。

（2）5g/L 木瓜蛋白酶（磷酸盐缓冲液配制）　1g 木瓜蛋白酶用 PBS 定容至 200mL。

（3）10%戊二醛溶液　25%戊二醛稀释 2.5 倍即可。80mL 25% 戊二醛加去离子水定容至 200mL。

（4）2%醋酸溶液　10mL 冰醋酸加去离子水定容至 500mL。

（5）20%NaOH　100g NaOH 加去离子水定容至 500mL。

（6）30%甲醇　150mL 甲醇加去离子水定容至 500mL。

（7）20% NaOH-30%甲醇溶液（1∶1）。

（8）10%三氯乙酸　100mL 三氯乙酸加去离子水定容至 1000mL。

（9）1%酪蛋白　准确称取 10g 酪蛋白，用磷酸盐缓冲液定容至 1000mL。

（10）0.4mol/L 碳酸钠（Na_2CO_3）溶液　称取 42.396g 碳酸钠，用去离子水定容至 1000mL。

（11）1mol/L Folin-酚试剂　根据试剂盒说明书现用现配。

四、实验步骤

1. 壳聚糖微球载体的制备

取 1.0g 壳聚糖缓慢加于 20mL 2%醋酸溶液中，配制成 5%的溶液，用注射器取 15mL 壳聚糖溶液缓缓滴入 20% NaOH-30%甲醇溶液（1∶1）中，保持注射器针头位于液面上方约 20cm。

2. 固定化酶的制备

将全部 CTS 微球水洗至中性，吸干表面水分，装入 50mL 具塞锥形瓶中，加入 10mL 乙醇和 10mL 戊二醛溶液（10mmol），60℃反应 2h，水洗，干燥后平均分成 4 份（每份湿重 2.0～2.5g），记作 A、A 对照、B、B 对照。

将每份干燥的醛化微球加入 50mL 具塞锥形瓶中，加入 pH 7.5 磷酸盐缓冲液浸泡过夜，抽干，加入 10mL pH 7.8 磷酸盐缓冲液和 1.0mL 蛋白酶液，室温振荡固定化 18h，收集上清液，再用缓冲液充分洗涤微球三次，吸干水分，即得固定化酶。

3. 固定化酶的活力回收率测定

（1）游离酶（或固定化上清液）活力测定　依次加入 1mL 木瓜蛋白酶液（或固定化上清液）、10mL1%酪蛋白溶液（先在 40℃预热 3min），摇匀，在 40℃水浴摇床中精确反应 10min，立刻加入 10mL10%三氯乙酸溶液，摇动，过滤，放置 10min。

在 10mL 具塞刻度试管中加入 1mL 酶解滤液、5mL 0.4mol/L Na_2CO_3、1.0mL 1mol/L Folin-酚试剂，混匀，40℃水浴 20min，冷却，在 680nm 波长处比色。

对照：在加入酪蛋白底物之前加入三氯乙酸，其余步骤同上，680nm 波长处作参比调零。

（2）固定化酶活力测定　在 50mL 具塞锥形瓶中每份固定化酶加入 10mL 酪蛋白溶液，在 40℃水浴中准确反应 10min，立刻过滤，在滤液中加入 10mL 三氯乙酸溶液，剧烈摇动，放置 10min，过滤。在 10mL 具塞刻度试管中加入 1mL 滤液、5mL Na_2CO_3、1.0mL Folin-酚试剂，混匀，40℃水浴 20min，冷却，于 680nm 波长处比色。

固定化酶对照：在加入酪蛋白底物之前加入三氯乙酸，其余步骤同上，680nm 波长处作参比调零。

五、注意事项

（1）5g/L 木瓜蛋白酶和 1%酪蛋白均需要用磷酸盐缓冲液配制，并且最好现用现配。

（2）壳聚糖微球载体制备时，注意保持注射器针头位于液面上方约 20cm，以形成形状规则、大小均一的固定化微球。

（3）测定酶的活力时，需要提前将反应液预热。

六、结果记录及分析讨论

1. 实验结果记录

固定化酶催化下的反应产物在 680nm 波长处的吸光度 $A_{固定化酶}$；游离酶催化下的反应产物在 680nm 波长处的吸光度 $A_{游离酶}$。上清液中酶催化下的反应产物在 680nm 波长处的吸光度 $A_{上清液}$。

2. 固定化酶活力的计算

$$固定化酶活力回收率 = \frac{A_{固定化酶}}{A_{游离酶}} \times 100\%$$

$$偶联率 = \frac{A_{游离酶} - 10A_{上清液}}{A_{游离酶}} \times 100\%$$

$$相对活力 = \frac{A_{固定化酶}}{A_{游离酶} - 10A_{上清液}} \times 100\%$$

3. 结果分析讨论

根据所学理论知识，分析实验结果是否合理；分析讨论酶固定化过程中应注意的关键问题以及影响酶固定化效率的主要因素。

七、思考题

（1）要制备一种活力较高、稳定性较好的固定化酶应注意解决哪些问题？

（2）固定化酶比游离酶活力下降的原因有哪些？

实验五　溶菌酶的制备及活力测定

一、实验目的

1. 掌握从鸡蛋清中制备溶菌酶的原理和方法（等电点沉淀和盐析法）。

2. 掌握用菌悬液测定溶菌酶活力的原理和方法。

二、实验原理

溶菌酶能催化革兰阳性菌[G⁺，如溶壁微球菌（*Micrococcus lysodeikticu*）]细胞壁黏多糖水解，因此可以溶解以黏多糖为主要成分的细菌细胞壁。溶菌酶对革兰阳性菌作用后，细胞壁溶解，细菌解体，菌悬液的透明度增加。透明度增加的程度与溶菌酶的活力成正比。因此，通过测定菌悬液透光度的增加（650nm 波长处）来测定溶菌酶的活力。

三、实验材料、仪器及试剂

1. 实验材料

鸡蛋清。

2. 实验仪器及耗材

电子天平、显微镜、恒温水浴锅、恒温培养箱、水平摇床、电动搅拌器、离心机、载玻片及盖玻片、擦镜纸、镊子、移液管、试管及试管架、大烧杯、小烧杯、玻璃缸、布氏漏斗、锥形瓶、振荡器、胶头移液管、量筒、容量瓶、纱布、吸水纸、标签纸等。

3. 实验试剂及配制方法

（1）氯化钠、五氧化二磷、丙酮、石蜡屑、乙二胺四乙酸二钠等。

（2）1mol/L NaOH 溶液　40g NaOH 用去离子水定容至 1000mL。

（3）1mol/L 盐酸溶液　用量筒量取 83～85mL 盐酸，加入 1000mL 容量瓶中，加水稀释至刻度，摇匀即可。

（4）溶菌酶晶体（5%无形溶菌酶溶液 10mL，加 NaCl 0.5g，用 NaOH 调 pH 至 9.5～10.0，溶液放置 4℃冰箱，溶菌酶即结晶出来）。

（5）菌体培养基　（琼脂 20g、牛肉膏 5g、葡萄糖 1g、NaCl 5g、蛋白胨 10g，用蒸馏水稀释至 1000mL，分装到 250mL 锥形瓶中，每瓶装入 100mL，121℃灭菌 20min。

现在可用营养肉汤培养基直接代替上述液体菌体培养基。实验中一般用 250mL 锥形瓶摇菌 1 瓶金黄色葡萄球菌，或者枯草芽孢杆菌即可。

（6）0.1mol/L 磷酸盐缓冲液（pH 6.2）

A 液：$Na_2HPO_4 \cdot 12H_2O$ 分子量=358.14g/mol，0.2mol/L 溶液含 71.628g/L；

B 液：$NaH_2PO_4 \cdot 2H_2O$ 分子量=156.01g/mol，0.2mol/L 溶液含 31.202g/L；

A 液 1000mL、B 液 100mL 先单独配制；然后按照 18.5mL 0.2mol/L Na_2HPO_4 和 81.5mL 0.2mol/L NaH_2PO_4 混合即得 100mL pH 6.2 磷酸盐缓冲液。

四、实验步骤

1. 溶菌酶的制备

（1）取两个新鲜鸡蛋清（pH 不低于 8.0），轻轻搅拌 5min 左右，使蛋清稠度均匀（注意在搅拌的过程中不能起泡），用三层纱布过滤去除脐带块等，测量其体积，记录。

（2）按 100mL 蛋清加 5g NaCl 的比例，向蛋清中慢慢加入 NaCl 细粉，边加边搅拌，使 NaCl 及时溶解，避免 NaCl 沉于容器底部，否则可使局部盐浓度过高而产生大量白色沉淀。

（3）再加入少量溶菌酶结晶作为晶种，置于 4℃冰箱中，1 周后观察，待见到结晶后，取结晶一滴于载玻片上，用 100 倍观察，记录晶型。

（4）结晶于布氏漏斗上过滤收集，再用五氧化二磷真空干燥，或在布氏漏斗上用丙酮洗涤脱水，最后用五氧化二磷真空干燥，并放一盘石蜡屑吸收丙酮。

2. 酶活力测定

（1）底物制备　将溶壁微球菌菌种接种于斜面培养基上，28℃培养 4h，用蒸馏水将菌体刮洗下来，若掺杂有培养基则用纱布过滤除去，以 4000r/min 离心 10min 收集滤液中的菌体，倾去上层清液，用蒸馏水洗菌体数次，离心除去混杂的培养基，收集菌体，用少量水悬浮，冰冻干燥，或将菌体涂于玻璃板上成一薄层，冷风吹干。菌粉于干燥器中保存。

（2）底物配制　称取干菌粉 5mg，加入少量 0.1mol/L 磷酸盐缓冲液（pH6.2），在匀浆器内研磨 2min，倒出，稀释至 20～25mL，此时菌悬液在紫外-可见分光光度计 650nm 波长处的透光度读数应在 20%～30%范围内。

（3）酶液制备

酶的储存液：准确称取 5mg 溶菌酶结晶样品，加入 0.1mol/L 磷酸盐缓冲液（pH 6.2），使每毫升缓冲液含有溶菌酶样品 1mg。

酶的应用液：临用前再将酶的储存液稀释 20 倍，使其浓度达到 50μg/mL，甚至可稀释至 10～20μg/mL。

（4）测定酶的溶解能力　先将底物（菌悬液）及酶的应用液分别置于 25℃恒温水浴中 10～15min，再将菌悬液摇匀，吸取 4mL，放入比色杯中，于 650nm 波长处读出透光度，此即为零时读数，然后吸取 0.2mL 酶的应用液（相当于 10μg 酶量）加到比色杯中，迅速混合，同时用秒表计算时间，每隔 30s 读一次透光度，到 120s 时共记下 5 个透光度读数。以时间为横坐标、透光度为纵坐标作图。最初一段时间（30s 左右）因稀释会有假象，数据不很可靠，因此计算时应取直线部分。

（5）测定酶样品的蛋白质含量　用 Folin-酚法测定酶样品的蛋白质含量，标准蛋白质可用凯氏定氮法测其含量。

五、注意事项

（1）蛋清搅拌的过程，动作要轻柔，不能过快，搅拌棒应该光滑，以防止蛋白质变性而影响溶菌酶产品的得率及质量。

（2）氯化钠细粉应慢慢加入，并且边加边搅拌，防止因局部盐浓度过高而产生大量白色沉淀。

（3）底物悬液中加入酶液后应迅速摇匀并从加入酶液开始计时。

（4）溶菌酶提取操作的全过程要在低温（10℃以下）下进行，防止原料变质和酶失活。

六、结果记录及分析讨论

1. 实验结果记录

每隔 30s 记一次透光度读数，到 120s 时共记下 5 个透光度读数。

2. 溶菌酶酶活力的计算

酶活力可用以下两种方法表示：

（1）酶活力单位 25℃、pH 6.2、波长于 650nm 时，每分钟引起菌悬液透光度上升 0.02% 的酶量为一个酶活力单位。

$$每毫克的酶活力单位数（U/mg 酶）= \frac{直线部分透光度增加（\%）}{酶样品的质量（\mu g）\times 测定时间（min）\times 0.02\%}$$

另一种表示方法是：酶活力单位数表示为 A，其式中的 t_{40} 为透光度增加 40% 所需时间（min），即 $A=10^6/ t_{40}$。

（2）酶的比活力 溶菌酶的比活力=A/P，式中，P 为蛋白质单位数，当样品与浓度为 0.167mg 氮/mL 的蛋白质溶液给出的颜色相同时，样品所含的蛋白质的量为 1 个蛋白质单位。

3. 结果分析讨论

查阅文献资料，试比较实验中从鸡蛋清提取到的溶菌酶的晶型是否符合常规。若不符合，试全面分析原因。

七、思考题

（1）为什么溶菌酶活力测定选择革兰阳性细菌作为底物？

（2）在蛋清搅拌的过程中，为什么要求搅拌动作要轻柔，不能过快？

实验六 酶法澄清苹果汁加工工艺优化

一、实验目的

1. 优化酶法澄清苹果汁的工艺参数。

2. 理解饮料加工工艺中酶法澄清的原理及操作步骤。

二、实验原理

在苹果汁生产中，澄清工序是决定苹果汁外观质量的关键工序，如处理不当，将影响产品外观、果汁的品质和稳定性。目前在果汁生产中，常用的澄清方法主要有自然澄清法和热处理法、冷冻法、酶法、加澄清剂法、离心分离法、超滤法等。酶法同其他方法相比较，具有作用时间短、澄清效果好等特点，且酶法的作用机制是生物降解，它可将苹果汁中的果胶、蛋白质、淀粉等高分子物分解，破坏果汁的胶体系统，使胶凝现象消失，果汁悬浮微粒失去保护而沉淀，结果使得果汁澄清。

三、实验材料、仪器及试剂

1. 实验材料

市售新鲜苹果。

2. 实验仪器及耗材

电子天平、榨汁机、紫外分光光度计、恒温水浴锅、擦镜纸、纱布、工具刀、烧杯、量筒、吸水纸、标签纸等。

3. 实验试剂

（1）果胶酶制剂。

（2）抗坏血酸溶液。

四、实验步骤

1. 苹果汁的制备

取新鲜市售苹果，经清洗、去皮、去核，然后切分成 1~2cm 的小块，放入榨汁机。在榨汁时放入苹果质量 0.1%抗坏血酸溶液护色，将榨出的苹果汁用纱布粗滤得原汁。

2. 果胶酶澄清苹果汁的工艺条件优化

根据果胶酶对果胶等大分子物质的生物降解特性，本实验着重考察果胶酶用量（0.00%、0.10%、0.15%、0.20%、0.25%、0.30%）、酶作用温度（35℃、40℃、45℃、50℃、55℃、60℃）和时间（0h、1h、2h、3h，）三个主要影响因素。在单因素实验的基础上，选用 $L_9(3^4)$ 正交实验设计对酶法澄清苹果汁的工艺条件进行优化，从而确定果胶酶澄清苹果汁的最佳工艺条件。

3. 观察

采用可见分光光度法，以蒸馏水作参比，在波长 660nm 下，测定苹果汁的透光率。用透光率表示苹果汁的澄清度。

五、注意事项

（1）在榨汁时需要放入 0.1%抗坏血酸溶液。

（2）得到的实验结果，要通过数据的显著性分析确定最佳工艺条件。

六、结果记录及分析讨论

1. 实验结果记录

记录在设定的各影响因素下，在波长 660nm 下，苹果汁的透光率。

2. 绘制图表

分析果胶酶用量、酶作用温度和时间对苹果汁澄清效果的影响。

3. 结果分析讨论

对结果进行极差分析，确定酶法澄清苹果汁的最优水平组合以及影响苹果汁澄清度的主次顺序。

七、思考题

（1）苹果榨汁过程中，为什么要加入抗坏血酸溶液？

（2）果胶酶澄清苹果汁的原理是什么？

实验七　酵母细胞固定化

一、实验目的

1. 了解细胞固定化的方法、原理。

2. 掌握酵母细胞固定化的实验操作。

3. 掌握固定化酵母进行酒精发酵的方法。

二、实验原理

固定化酶和固定化细胞技术是利用物理或化学方法将酶或者细胞固定在一定空间的技术，包括包埋法、化学结合法（将酶分子或细胞相互结合，或将其结合到载体上）和物理吸附法固定化。固定化细胞保持了细胞的生命活动能力，固定化方法简单，成本低，比游离细胞的发酵更具有优越性。微生物细胞固定化常用的方法有三大类：吸附法、共价交联法、包埋法，其中包埋法固定化微生物细胞较为常见。常用的包埋载体有明胶、琼脂糖、海藻酸钠、醋酸纤维和聚丙烯酰胺等。本实验选用海藻酸钠作为载体包埋酵母菌细胞。

三、实验材料、仪器及试剂

1. 实验材料

干酵母/酵母菌悬液。

2. 实验仪器及耗材

电子天平、恒温水浴锅、恒温培养箱、镊子、玻璃棒、移液管、胶头移液管、石棉网、针筒、锥形瓶、烧杯、量筒、容量瓶、酒精灯、吸水纸、标签纸等。

3. 实验试剂及配制方法

（1）0.05mol/L 氯化钙溶液。

（2）10%葡萄糖溶液。

（3）海藻酸钠溶液　每 0.7g 海藻酸钠加入 10mL 水，加热溶液使成糊状。

四、实验步骤

1. 酵母细胞的活化

称取 1g 干酵母，加入 10mL 蒸馏水于 50mL 烧杯中搅拌均匀，放置 1h，活化干酵母。

2. 酵母细胞与海藻酸钠溶液混合

将溶化好的海藻酸钠溶液冷却至室温，加入已经活化的酵母细胞，用玻璃棒充分搅拌使酵母细胞与海藻酸钠溶液混合均匀。

3. 酵母细胞固定化

用 20mL 注射器吸取海藻酸钠与酵母细胞的混合液，在恒定的高度（建议距液面 12～15cm处，过低凝胶珠形状不规则，过高液体容易飞溅），缓慢将混合液滴加到氯化钙中，观察液滴在氯化钙溶液中形成凝胶珠的情形。将形成的凝胶珠在氯化钙溶液中浸泡 30min 左右。

4. 固定化酵母细胞发酵

用 5mL 移液器吸取蒸馏水冲洗固定好的凝胶珠 2～3 次，然后加入装有 150mL 10%葡萄糖溶液的锥形瓶中，置于 25℃恒温培养箱中发酵 24h，观察实验结果。

五、注意事项

（1）海藻酸钠与酵母细胞混合液滴加到氯化钙溶液中时，注射器的针头需要保持距液面12～15cm 的高度，以制备成形状规则的凝胶珠。

（2）形成的凝胶珠在氯化钙溶液中需要充分浸泡。

六、结果记录及分析讨论

1. 实验现象记录

实验开始时，凝胶球是沉在烧杯底部，24h 后，凝胶球悬浮在溶液上层，而且可以观察到凝胶球不断产生气泡。

2. 结果分析讨论

打开瓶盖，闻气味，观察葡萄糖液中的变化。结合实验结果，全面分析可能导致酵母细胞包埋效果不理想的原因。

七、思考题

（1）酵母细胞活化的目的是什么？

（2）为什么实验开始时，凝胶球是沉在烧杯底部，24h 后凝胶球又悬浮于溶液上层？

实验八　pH 对酶活力的影响——最适 pH 的测定

一、实验目的

1. 了解 pH 对酶活力影响的机理。
2. 掌握测量 pH 对酶活力影响的基本方法和操作步骤。
3. 测定 pH 对酸性磷酸酯酶活性的影响并测定最适 pH。

二、实验原理

酶的催化作用与反应液的 pH 有很大关系。每一种酶都有其各自的适宜 pH 值范围和最适 pH，只有在适宜 pH 范围内，酶才能显示其催化活性。在最适 pH 条件下，酶催化反应速率达到最大。pH 过高或过低，都可能引起酶的变性失活。因此，在酶催化反应过程中，必须控制好 pH。pH 之所以影响酶的催化作用，主要是由于在不同的 pH 条件下，酶分子和底物分子中基团的解离状态发生改变，从而影响酶分子的构象以及酶与底物的结合能力和催化能力。在极端的 pH 条件下，酶分子的空间结构发生改变，从而引起酶的变性失活。在进行酶学研究时一般都要制作一条 pH 与酶活性的关系曲线，即保持其他条件恒定，在不同 pH 条件下测定酶促反应速率，以 pH 为横坐标、反应速率为纵坐标作图。由此曲线，不仅可以了解反应速率随 pH 变化的情况，而且可以求得酶的最适 pH。

酸性磷酸酯酶（acid phosphatase，EC 3.1.3.2）广泛分布于动植物体，尤其是植物的种子、动物肝脏和人体的前列腺中，它能专一性水解磷酸单酯键。以人工合成的对硝基苯磷酸酯（4-nitrophenyl phosphate，NPP）作底物，水解产生对硝基苯酚和磷酸。在碱性溶液中，对硝基苯酚的盐离子于 405nm 处光吸收强烈，而底物没有这种特性。利用产物的这种特性，可以定量测定产物的生成量，从而求得酶的活力单位。即通过测定单位时间内 405nm 处光吸收值的变化来确定酸性磷酸酯酶的活性。酸性磷酸酯酶的一个活力单位是指在酶反应的最适条件下，每分钟生成 1μmol 产物所需的酶量。

三、实验材料、仪器及试剂

1. 实验材料

萌发的绿豆种子。

2. 实验仪器及耗材

电子天平、恒温水浴锅、离心机、紫外分光光度计、擦镜纸、纱布、镊子、透析袋、试管、刻度吸管、移液管、胶头移液管、烧杯、量筒、容量瓶、培养皿（用于浸泡植物种子）、吸水纸、标签纸等。

3. 实验试剂及配制方法

（1）酸性磷酸酯酶原液 从绿豆芽中提取。

（2）酸性磷酸酯酶液 通过原酶液稀释得到。准备试管11支，取原酶液，将原酶液用0.05mol/L pH 5.0 的柠檬酸盐缓冲液梯度稀释，使 pH-酶活力曲线中第六管在405nm 处的光吸收值在 0.6～0.7 之间。

（3）2.4mmol/L 对硝基苯磷酸酯水溶液 精确称取 NPP 0.8164g，加缓冲液定容至1000mL。

（4）各 pH 柠檬酸盐缓冲液

A 液：0.05mol/L 柠檬酸溶液

B 液：0.05mol/L 柠檬酸三钠溶液

按下表进行配制：

A 液/mL	100	82	71	59	47	35	23	11.5	4.0	1.0
B 液/mL	0	18	29	41	53	65	77	88.5	96	99
pH	2.0	3.0	3.5	4.0	4.5	5.0	5.5	6.0	6.5	0

（5）0.3mol/L NaOH 溶液。

四、实验步骤

1. 酸性磷酸酯酶原酶液的制备

称取一定量的绿豆，浸泡 24 ～48h，在 25～30℃温箱中培养 5～7 天。长出的豆芽取其颈部，用自来水和重蒸水冲洗干净，置滤纸上吸干水分，称 30g 放入研钵中匀浆，加 0.2mol/L 乙酸盐缓冲液 4mL，置 4℃冰箱中 6h 以上。然后用双层纱布挤压过滤，滤液以 6000r/min 离心 15min，上清液置透析袋用蒸馏水充分透析，间隔换水 10 次，透析 24h 以上。将透析后酶液稀释至最终体积与豆芽质量（g）相等，以 6000r/min 离心 30min，所得上清液即为原酶液，置冰箱待用。

2. 酶促反应

取 11 支试管编号，0 号为空白。各管加入 2.4mmol/L NPP 0.2mL，相应加入不同缓冲液各 1.8mL，每管再各加入 35℃预保温（另取 2 支试管，各加入稀释好的酶液 5～6mL，于 35℃恒温水浴槽中保温 2min）的酶液 1mL，立即摇匀计时，15min 后加入 0.3mol/L NaOH 2.0mL 终止反应。

3. 测定反应液在 405nm 处的光吸收值

0 号管先加入 2.0mL 0.3mol/L NaOH 后再加入酶液，各管终止反应并冷却后测定溶液在405nm 处的光吸收值，将结果按不同 pH 对应记录。

五、注意事项

（1）加入酶液后，立即混匀，准确记录酶促反应的时间。

（2）反应终止后，要及时测定反应液在对应波长下的吸光值。

六、结果记录及分析讨论

记录不同 pH 对应的在 405nm 处的光吸收值 A_{405}，以反应 pH 为横坐标，A_{405} 为纵坐标，绘制 pH-酶活力曲线，求出酸性磷酸酯酶的最适 pH。

七、思考题

pH 影响酶催化的机理是什么？

实验九　温度对酶活力的影响——最适温度的测定

一、实验目的

1. 了解温度对酶活力影响的机理。
2. 掌握测定最适温度的基本原理。
3. 掌握最适温度测定方法。

二、实验原理

每一种酶的催化反应都有适宜的温度范围和最适温度。在适宜温度范围内，酶才能够进行催化反应；在某一特定温度条件下，酶催化反应速率达到最大，这就是最适温度。超过最适温度，反应速率逐步降低，一般酶在 60℃ 以上容易变性失活。如果保持其他反应条件恒定，而在一系列变化的温度下测定酶活力，以温度为横坐标、反应速率为纵坐标作图，可得到一条温度-酶活力曲线，从中就可求得最适温度。

各种酶的最适反应温度是不同的，一般动物组织中各种酶的最适温度为 35~40℃，植物和微生物中各种酶的最适温度范围较大，在 32~60℃ 之间。但最适温度不是酶的特征常数，一种酶的最适温度不是一个恒定的数值，它与反应条件有关。如果反应时间延长，一般最适温度降低。因此，对同一种酶来讲，应该说明是在什么条件下的最适温度。

温度是影响酶促反应速率 (v) 的重要因素之一。在温度较低时，绝对温度对 v_{max} 的影响遵守阿伦尼乌斯公式：

$$\lg v_{max} = \frac{-E_a}{2.3R} \times \frac{1}{T} + 常数$$

式中，E_a 表示酶促反应的活化能，J/mol；R 表示气体常数，R 等于 8.314J/(mol·K)；T 表示绝对温度，K；v_{max} 表示当酶全部被过量底物饱和时所测得的反应速率。

实验时，测定不同温度下酶促最大反应速率 v_{max}，以 $\lg v_{max}$ 对绝对温度的倒数 $1/T$ 作图，得一斜率等于 $-E_a/2.3R$ 的直线，由此可求得活化能 E_a。

三、实验材料、仪器及试剂

1. 实验材料
萌发的绿豆种子。
2. 实验仪器及耗材
电子天平、恒温水浴锅、离心机、紫外分光光度计、擦镜纸、镊子、移液管、胶头移液管、刻度吸管、烧杯、量筒、容量瓶、培养皿（用于浸泡绿豆种子）、吸水纸、标签纸等。

3. 实验试剂及配制方法

（1）酸性磷酸酯酶原液 从绿豆芽中提取。

（2）酸性磷酸酯酶酶液 准备试管 11 支，取原酶液，将原酶液用 0.05mol/L 柠檬酸缓冲液进行梯度稀释，使测定的第五管在 405nm 处的光吸收值在 0.6～0.7 之间。

（3）1.2mmol/L 对硝基苯磷酸酯（NPP）水溶液 精确称取 NPP 0.4082g，用缓冲液溶解定容至 1000mL。

（4）0.3mol/L NaOH。

四、实验步骤

1. 酸性磷酸酯酶原酶液的制备

称取一定量的绿豆，浸泡 24～48h，在 25～30℃温箱中培养 5～7 天。长出的豆芽取其颈部，用自来水和重蒸水冲洗干净，置滤纸上吸干水分，称 30g 放入研钵中匀浆，加 0.2mol/L 乙酸盐缓冲液 4mL，置 4℃冰箱中 6h 以上。然后用双层纱布挤压过滤，滤液以 6000r/min 离心 15min，上清液置透析袋用蒸馏水充分透析，间隔换水 10 次，透析 24h 以上。将透析后酶液稀释至最终体积与豆芽质量（g）相等，以 6000r/min 离心 30min，所得上清液即为原酶液，置冰箱待用。

2. 酶促反应

取 8 支试管，编号制表，0 号管为空白，各管加入 1.2mmol/L NPP 1.0mL。另取 8 支试管加入酶液 2mL。酶与底物对应在 10℃、20℃、30℃、35℃、40℃、50℃、60℃、70℃恒温水浴槽保温 2min。酶液预热时间不要超过 2min，否则酶易失活，特别是在温度较高时。预热后各管加入酶液 1.0mL，精确反应 15min 后，加入 0.3mol/L NaOH 3.0mL 终止反应。

3. 测定 A_{405} 值

0 号管反应温度为 50℃，先加入 0.3mol/L NaOH 3.0mL 后再加入酶液。各管反应终止并冷却后以 0 号管为空白，测定 A_{405} 值。

五、注意事项

（1）为了避免酶失活，酶促反应过程中，其预热时间不要超过 2min。

（2）加入 0.3mol/L NaOH 溶液终止反应后，室温存放反应液，并及时测定反应液的吸光值。

六、结果记录及分析讨论

记录不同温度下对应的 A_{405}，以反应温度为横坐标、A_{405} 为纵坐标，绘制温度-酶活力曲线，求出酸性磷酸酯酶在此条件下的最适温度。以反应绝对温度的倒数（$1/T$）为横坐标、$\lg A_{405}$ 为纵坐标作图，求出直线部分的斜率，计算酶促反应的活化能。

七、思考题

实验中如何保证酶反应时间的准确度？

实验十　酵母中蔗糖酶的提取及活性测定

一、实验目的

1. 学习蔗糖酶分离提取的基本原理。
2. 掌握细胞破壁、有机溶剂沉淀蛋白质的原理与操作。
3. 掌握蔗糖酶活力测定方法。

二、实验原理

蔗糖酶（EC 3.2.1.26）能特异地催化非还原糖中的β-D-呋喃果糖苷键水解，具有相对专一性。它不仅能催化蔗糖水解生成葡萄糖和果糖，也能催化棉子糖水解，生成蜜二糖和果糖，每水解 1mol 蔗糖，就生成 2mol 还原糖。蔗糖的裂解速率可以通过斐林试剂法测定还原糖的产生数量来测定。斐林试剂法测定还原糖含量灵敏度较高，其原理是在酸性条件下，蔗糖酶催化蔗糖水解，生成葡萄糖和果糖。葡萄糖、果糖和碱性铜试剂混合加热后被其氧化，二价铜被还原成棕红色氧化亚铜沉淀。氧化亚铜与磷钼酸作用生成蓝色溶液，其蓝色深度与还原糖的量成正比，于 650nm 处测定吸光值。

在研究酶的性质、作用、反应动力学等问题时都需要使用高度纯化的酶制剂以避免干扰。酶的提纯往往要求多种分离方法交替使用，才能得到较为满意的效果。常用的提纯方法有盐析、有机溶剂沉淀、选择性变性、离子交换色谱、凝胶过滤、亲和色谱等。蛋白质在分离纯化过程中易变性失活，为能获得尽可能高的产率和纯度，在提纯操作中要始终注意保持酶的活性，如在低温下操作等，这样才能收到较好的分离效果。啤酒酵母中，蔗糖酶含量丰富。本实验以酵母为原料，通过破碎细胞、热处理、乙醇沉淀等步骤，提取酵母蔗糖酶，并对其活性进行测定。

三、实验材料、仪器及试剂

1. 实验材料

市售活性干酵母。

2. 实验仪器及耗材

电子天平、显微镜、离心机、恒温水浴锅、紫外分光光度计、研钵/研棒、载玻片、盖玻片、锥形瓶、试管、试管架、pH 试纸、移液管、胶头移液管、烧杯、量筒、容量瓶、吸水纸、标签纸等。

3. 实验试剂

（1）1mol/L 乙酸溶液。

（2）石英砂。

（3）Tris-HCl（pH7.3）缓冲液。

（4）95%乙醇。

（5）NaCl。

（6）碱性铜试剂。

（7）磷钼酸试剂。

（8）葡萄糖。

（9）0.2mol/L 蔗糖溶液。

（10）0.2mol/L 乙酸缓冲液（pH4.9）。

四、实验步骤

1. 破碎细胞

准备冰浴，将研钵放入冰浴中。取 5g 干酵母，加 5g 石英砂，置于预先冷却的研钵中，加 30mL 去离子水，研磨至少 30min，在冰箱中冰冻约 10min（研磨液面上刚出现冰结晶为宜），重复 2 次。研磨时可用显微镜检查研磨的效果，至酵母细胞大部分研碎，将研磨液转移至大离心管中，最后用剩余的水洗净研钵中的物质并转移到离心管中，以便将蔗糖酶充分转入水相。12000r/min，4℃，离心 15min，弃去沉淀。

2. 加热除杂蛋白

将上清液倒入量筒，量出体积并记录，转入清洁锥形瓶，用 pH 试纸检查上清 pH 值，用 1mol/L 乙酸溶液逐滴加入，调其 pH 值至 5.0，然后迅速放入 50℃的水浴中，保温 30min。在温浴过程中，注意经常缓慢搅拌液体。之后在冰浴中迅速冷却，倒入大离心管中，以 12000r/min 的转速离心 20min，弃去沉淀。取上清液，得粗酶液 1，同时预留 2.0mL 测定用。

3. 乙醇沉淀

量出上清液体积，将粗酶液 1 转入小烧杯中，放入冰盐浴（碎冰、撒入少量食盐），加入等体积预冷的 95%冷乙醇溶液，于冰浴中温和搅拌 30min，再在冰盐浴中放置 10min，然后以 12000r/min 的转速，4℃，离心 25min，小心弃去上清液，沉淀沥干，记录为醇级分 2。将沉淀溶解在 6mL 0.05mol/L Tris-HCl（pH7.3）缓冲液中，搅拌 5min 以上使其完全溶解，用于蛋白质含量和酶活力的测定。

4. 蔗糖酶活力测定

首先用去离子水稀释粗酶液 1 2000 倍，醇级分 2 5000、2：10000 倍（可取 0.1mL 加入 25mL 刻度试管，定容至 25mL，即稀释 250 倍）。如下表所示。

各管名称	对照	粗酶液 1	醇级分 2	葡萄糖对照	葡萄糖
管号	1	2	3,4	5	6
稀释倍数	/	2000 倍	5000 倍、10000 倍	/	/
酶液/mL	/	0.6	0.6	/	/
水/mL	0.6	/	/	1	0.8
HAc-NaAc 缓冲液	0.2	0.2	0.2	0.2	0.2
2mmol/L 葡萄糖/mL	/	/	/	/	0.2
0.2mol/L 蔗糖/mL	0.2	0.2	0.2	/	/
加入蔗糖，立即摇匀开始计时，室温准确反应 10min 后，立即加碱性铜试剂终止反应					
碱性铜试剂/mL	1	1	1	1	1
立即用 90～95℃水浴加热 7～8min，并立即用自来水冷却					
磷钼酸试剂/mL	1	1	1	1	1
水/mL	5	5	5	5	5
A_{650}					
E'[μmol/(min·mL)]					
原始酶液酶活力 E/(单位/mL)					

五、注意事项

（1）干酵母在研磨之前，需要提前对研钵做预冷处理。

（2）酶提取的过程中保持低温，同时避免剧烈搅拌、强酸、强碱等引起酶变性失活的因素。

（3）注意在低温下操作，故乙醇沉淀的步骤中，需要提前对乙醇进行预冷。同时，边加乙醇边搅拌溶液，防止局部乙醇过浓，导致酶变性失活。

（4）离心后应迅速将上清倒出，沉淀物用缓冲液溶解，避免酶与有机溶剂长时间接触，防止其变性。

六、结果记录及分析讨论

1. 实验结果记录

记录提取到的蔗糖酶粗酶液的体积，以及记录不同情况下获得的粗酶液的斐林反应对应的在波长650nm处的光吸收值 A_{650}。

2. 提取的蔗糖酶粗酶液酶活力的计算

一个酶活力单位（U）定义是：在给定的实验条件下，每分钟能催化 1 μmol 蔗糖水解所需的酶量。比活力为每毫克蔗糖酶所具有的酶活力单位。

稀释后酶液的活力（按还原糖计算）：

$$E'[\mu mol / (min \cdot mL)] = \frac{A_{650} \times 0.2 \times 2}{A'_{650} \times 10 \times B} \tag{5.10.1}$$

式中　　A_{650}——第 2、3、4 管所测得的在波长 650nm 处的吸光值；

A'_{650}——第 6 管所测得的在波长 650nm 处的吸光值；

0.2——第 6 管葡萄糖取样量，mL；

2——标准葡萄糖浓度为 2mmol/L=2μmol/mL；

10——反应 10min；

B——每管加入酶液体积，mL。

$$原始酶液的酶活力 E = \frac{E'}{2} \times 稀释倍数$$

3. 结果分析讨论

查阅文献资料，比较实验测得的干酵母中蔗糖酶的酶活力是否符合理论值，试全面分析影响蔗糖酶提取效率及酶活力的因素。

七、思考题

（1）加热除杂蛋白的温浴过程中，为什么需要经常缓慢搅拌液体？

（2）斐林试剂测定还原糖含量的原理是什么？

第六章　发酵工程实验

发酵工程是生物工程与生物技术专业必修的一门专业课，它是现代生物技术的重要组成和基础，是生物技术产业化的重要环节。现代发酵工程融入了分子生物学、细胞工程、基因工程以及代谢工程等的理论与技术，结合了现代生物过程控制及生物分离工程技术。其应用领域不断扩大，逐渐由医药、食品等轻工领域扩展到化工、冶金、能源以及环境等新领域。发酵工程实验是一门实践性很强的学科，本课程是与发酵工程理论教学相配套的实验教学，目的是训练学生掌握发酵工程基本的实验操作技能，了解发酵工程的基本知识，加深对微生物学理论知识的理解和应用。同时，通过实验培养学生观察、思考以及分析和解决问题的能力，培养学生实事求是、严肃认真的科学态度。

实验一　自然界中发酵菌株的分离

一、实验目的

1. 学习从自然环境中分离工业微生物菌株的方法。
2. 掌握无菌操作的具体操作方法。

二、实验原理

土壤和水体是微生物生长的大本营。自然界中微生物种类繁多，并且混长在一起，要想从自然界中获得发酵菌株，首先必须要从微生物群体中分离出目的菌株。

分离微生物菌株最基本的方法之一是十倍稀释法。即将样品分散于无菌水中，通过振荡，使微生物悬浮于液体中，静置一段时间后，由于样品沉降较快，而微生物细胞体积小沉降慢，会较长时间悬浮在液体中。通过对微生物细胞悬浮液的进一步稀释和选择性培养，就可以分离出我们需要的目的菌株。

工业发酵微生物的基本特征主要有以下几个：

① 能在廉价原料制成的培养基上迅速生长，且发酵产量较高。
② 培养条件如温度、渗透压等易控制。
③ 抗杂菌和抗噬菌体能力较强。
④ 遗传稳定性高、不易退化。
⑤ 不产生有害的生理活性物质或毒素（食品或医药微生物菌株）。

本实验以从土壤中分离产淀粉酶的细菌为例，简述发酵菌株的自然分离方法。

三、实验材料、仪器及试剂

1. 实验材料
取自校园食堂附近浅表层的新鲜土样（2～8cm）。

2. 实验仪器及耗材

高压蒸汽灭菌锅、恒温干燥箱、超净工作台、pH计、天平、移液管、量筒、玻璃棒、锥形瓶、玻璃珠、试管、培养皿、涂布棒、牛皮纸等。

3. 实验试剂

LB固体培养基：蛋白胨10g、牛肉膏5g、NaCl 10g、琼脂15g，以1mol/L NaOH调节pH至7.2～7.4，加水至1000mL。

四、实验步骤

1. LB固体培养基的制备

通过称量、溶解、调节pH等步骤，配制上述培养基，并配制45mL无菌水（内装几颗玻璃珠）1瓶、4.5mL无菌水若干支，121℃灭菌30min后备用；另包扎好培养皿、移液管和涂布棒等，灭菌，烘干备用。

2. 倒平板

将灭菌后的培养基冷却至50～60℃，以无菌操作法倒至经灭菌并烘干的培养皿中，每皿约20mL。冷却凝固待用。

3. 微生物分离（涂布法）

（1）称取土样5g，放入装有45mL无菌水的锥形瓶（内含玻璃珠）中，振荡10min，即为10^{-1}的土壤稀释液。

（2）取4.5mL无菌水4支，用记号笔编上10^{-2}、10^{-3}、10^{-4}、10^{-5}。

（3）取10^{-1}的稀释液，振荡静置2min后，用无菌移液管吸取0.5mL上层细胞悬液加至装有4.5mL无菌水的试管中，制成10^{-2}稀释液。同理依次稀释制成10^{-3}、10^{-4}、10^{-5}稀释液。在稀释过程中，因从高浓度到低浓度，每稀释一次应更换一支移液管。

（4）另取移液管，分别以无菌操作法吸取10^{-5}、10^{-4}、10^{-3}的稀释液0.1mL（依样品中微生物的多少选取不同的稀释度），加至制备好的平板上，用无菌涂布棒涂布均匀。从低浓度到高浓度，可以用同一根移液管或者涂布棒。

（5）将培养基倒置于恒温培养箱中，37℃培养过夜。

4. 观察并挑选平板

第二天观察不同稀释倍数培养皿中的菌落数，并挑取合适稀释倍数的平板用于下一个实验——淀粉酶发酵菌种的初筛。

五、注意事项

（1）培养皿应倒置培养，以免培养基上的小水珠滴入培养基中，导致不同菌落之间相互污染。

（2）样品采集要有针对性，分离淀粉酶产生菌的土样最好应采集富含淀粉的土壤。

（3）稀释菌液的无菌水和涂布棒，应充分冷却，以免温度过高造成对温度敏感的微生物死亡。

（4）实验过程中，应设计空白对照以检验操作过程是否有污染。

六、结果记录及分析讨论

1. 实验结果记录

拍照记录并描述不同稀释倍数的培养皿中单菌落的个数、形态及颜色等。

2. 结果分析讨论

若最高稀释倍数的培养皿中菌落数量过密，则可能是由于稀释倍数过低，应提高稀释倍数，若最低稀释倍数的培养皿中菌落数量过少，则可能是由于稀释倍数过高，应减少稀释倍数。

分析培养皿中的污染情况。

七、思考题

查找资料，设计一个放线菌的分离方法。

实验二　淀粉酶发酵菌种的初筛

一、实验目的

1. 学习从已分离的微生物中进一步筛选出能产生某一生理活性物质的菌株。
2. 学习淀粉酶产生菌的筛选方法。

二、实验原理

发酵目的菌株的获得需要在菌种分离的基础上进一步通过筛选产物合成能力较高的菌株。一般分为初筛和复筛，初筛是从分离得到的大量微生物中将具有目的产物合成能力的微生物筛选出来的过程。复筛是在初筛的基础上进一步定量鉴定菌株生产能力的筛选方法。

淀粉酶广泛存在于动植物和微生物中，是最早用于工业生产并且迄今仍是用途最广、产量最大的酶制剂产品之一。淀粉酶种类繁多，特点各异，可应用于造纸、印染、酿造、果汁和食品加工、医药、工业副产品及废料的处理、青贮饲料及微生态制剂等多种领域。淀粉酶是一类能水解淀粉和糖原的酶类总称，它能将淀粉水解成糊精等小分子物质，并进一步水解成麦芽糖或葡萄糖。淀粉被水解后，遇碘不变蓝。将分离得到的微生物转移至淀粉酶产生菌筛选培养基中培养，淀粉酶产生菌分泌出淀粉酶将淀粉水解后其菌落周围就能形成透明圈。因此本实验通过平板培养法，可快速、大规模地从样品中初步分离出淀粉酶产生菌株。

三、实验材料、仪器及试剂

1. 实验材料

本章实验一中分离得到的微生物。

2. 实验仪器及耗材

高压蒸汽灭菌锅、烘箱、超净工作台、天平、1mol/L NaOH、量筒、移液枪、枪头、PCR试管、锥形瓶、培养皿、牛皮纸等。

3. 实验试剂

（1）淀粉酶产生菌筛选培养基　蛋白胨 10g、牛肉膏 5g、NaCl 10g、可溶性淀粉 2g/L、琼脂 15g，以 1mol/L NaOH 调节 pH 至 7.2～7.4，加水至 1000mL。

（2）显色用碘液　称取碘化钾 4.4g，加入 5mL 蒸馏水溶解，加入 2.2g 碘，溶解后定容至 100mL，储存于棕色试剂瓶中。将其用蒸馏水稀释 5 倍用于淀粉显色反应。

四、实验步骤

1. 配制淀粉酶产生菌筛选培养基，连同培养皿等放入灭菌锅中进行湿热灭菌（121℃，20min）。

2. 待培养基冷却至50℃左右（不烫手为宜）时，在超净工作台中倒平板。

3. 用白色的小枪头挑取本章实验一中分离得到的不同单菌落，放入到含有10μL无菌水的PCR管中，混匀。

4. 利用十步稀释法稀释至10^{-3}，用移液枪取2μL 10^{-3}稀释液点在淀粉酶产生菌筛选培养基（不能打出气泡，否则气泡破裂，溅在培养皿上，会形成许多菌落，无法区分不同的菌落）中，每个菌落2份。

5. 37℃倒置培养过夜。

6. 形成菌落后，用滴管轻轻地将稀释的碘原液滴在其中一个培养皿的表面，1min后，观察透明圈与菌落直径之比。

五、注意事项

（1）挑取菌落时不宜太多，过多导致菌液浓度过高，菌落直径过大，培养皿中不同菌落之间透明圈重叠。

（2）倒好的培养皿，应在超净工作台晾干10min左右，以免点板时菌液不集中。

六、结果记录及分析讨论

描述不同菌落透明圈与菌落直径的大小；讨论菌落直径大小与微生物的生长速度、发酵时间周期的关系；透明圈直径与菌落直径比值和微生物产淀粉酶能力的关系。筛选出产淀粉酶活力较高的三个单菌落用于后续复筛。

七、思考题

请查阅资料设计一个筛选抗生素产生菌的初筛方案。

实验三   液化型淀粉酶活力的测定

一、实验目的

1. 掌握分光光度法测定液化型淀粉酶活力的基本原理和方法。
2. 从初筛获得的菌株中筛选出淀粉酶活力较高的菌株。

二、实验原理

液化型淀粉酶（又称α-1,4-糊精酶，俗称α-淀粉酶）能水解淀粉中α-1,4-葡萄糖苷键而使之成为分子量不一的糊精，淀粉迅速被液化。淀粉酶使淀粉与碘呈蓝紫色特征反应逐渐消失，以该颜色的消失速度计算酶的活力的高低。淀粉与碘形成的复合物在660nm处有最大吸收峰，可用紫外可见分光光度计进行测定。因此可通过测660nm处的吸光度的减小来测定淀粉酶的活力。

三、实验材料、仪器及试剂

1. 实验材料

从本章实验二中筛选得到的淀粉酶产生菌。

2. 实验仪器及耗材

高压蒸汽灭菌锅、紫外可见分光光度计、恒温水浴锅、高速离心机、电子天平、25mL 带盖刻度试管等。

3. 实验试剂及配制方法

（1）稀碘液　称取碘化钾 4.4g，加入 5mL 蒸馏水溶解，加入 2.2g 碘，溶解后定容至 100mL，储存于棕色试剂瓶中。

吸取上述溶液 0.4mL，加碘化钾 4g，用蒸馏水溶解定容至 100mL 即为稀碘液，储存于棕色瓶内。

（2）2%可溶性淀粉溶液　准确称取可溶性淀粉 2.000g（预先干燥至恒重），加少量水调匀，倾入 80mL 沸水中，继续煮沸至透明。冷却后用水定容至 100mL。

（3）0.02mol/L pH 6.0 的磷酸氢二钠-柠檬酸缓冲液　称取 $Na_2HPO_4 \cdot 12H_2O$ 45.23g 和柠檬酸（$C_6H_8O_7 \cdot H_2O$）8.07g，用蒸馏水溶解定容至 1000mL。

（4）0.5mol/L 乙酸溶液　吸取 14.31mL 冰醋酸，用蒸馏水稀释至 500mL。

（5）LB 液体培养基　蛋白胨 10g、牛肉膏 5g、NaCl 10g，以 1mol/L NaOH 调节 pH 至 7.2～7.4，加水至 1000mL。

四、实验步骤

1. 摇瓶培养

挑取本章实验二中初筛的淀粉酶产量较高的单菌落（本章实验二中每个单菌落点了 2 个平板）于 20mL LB 液体培养基中，37℃、185r/min 摇床培养过夜。

2. 发酵菌悬液的制备

取 1.5mL 过夜培养的菌液于 1.5mL 的离心管中，8000r/min 室温离心 1min。收集上清液用于测定发酵液中淀粉酶的活力。

3. 标准曲线的制作及发酵液酶活力的测定

（1）按照表 6.3.1 所列在 1～6 号大试管中分别加入不同量的 2%可溶性淀粉溶液和蒸馏水，配制出 0、0.2%、0.5%、1.0%、1.5%、2.0%的可溶性淀粉溶液。7～9 号试管为样品管，其可溶性淀粉的初始浓度为 2.0%。

（2）每管中加入 1mL 的磷酸氢二钠-柠檬酸缓冲液，40℃水浴保温 5min 预热。

（3）7～9 号样品管中加入 1mL 发酵液上清，而 1～6 号标准曲线制作管中加蒸馏水 1mL。

（4）40℃水浴 30min，然后加入 0.5mol/L 乙酸 10mL，混匀终止反应。

（5）吸取 0.2mL 的反应液于新管中，加入 2mL 稀碘液混匀，用紫外可见分光光度计测定 660nm 处的吸光值（用 1 号管作为空白对照）。

表 6.3.1　液化型淀粉酶活力标准曲线制作及测定

试剂	管号								
	1	2	3	4	5	6	7	8	9
2%淀粉稀释液/mL	0	0.2	0.5	1.0	1.5	2.0	2.0	2.0	2.0
蒸馏水/mL	2	1.8	1.5	1.0	0.5	0	0	0	0
缓冲液/mL	1	1	1	1	1	1	1	1	1
40℃水浴 5min									
蒸馏水/mL	1	1	1	1	1	1	0	0	0
粗酶液/mL	0	0	0	0	0	0	1	1	1

续表

试剂	管号								
	1	2	3	4	5	6	7	8	9
40℃水浴 30min，然后加入 0.5mol/L 乙酸 10mL，混匀吸取反应液 0.2mL									
稀碘液/mL	2	2	2	2	2	2	2	2	2
A_{660}									

注：1~6 号管为标准曲线制作管，7~9 号管为三个发酵液样品。

4. 酶活力的计算

酶活力单位（U）：以 1mL 粗酶液于 40℃、pH6.0 的条件下，1h 水解可溶性淀粉的质量（mg）来表示[mg/（mL·h）]。

$$酶活力（U）=(2\% \times 2 \times 1000 - A) \times 2 \times f \tag{6.3.1}$$

式中 f——粗酶液稀释倍数；

$2\% \times 2 \times 1000$——反应液中淀粉的含量，mg；

A——据测得的吸光度在标准曲线中对应的淀粉残留量，mg；

2——由于反应时间是 0.5h，因此应乘以 2。

五、注意事项

（1）可溶性淀粉应现用现配，配制时要用少量的冷水调匀后，再导入沸水中溶解。直接导入热水中，可能会溶解不均匀，甚至结块。配制好的淀粉溶液应该均一，不能有颗粒状淀粉存在。

（2）碘单质容易升华，配制时不能加热。

（3）碘单质只能溶解于高浓度的碘化钾溶液中，因此配制碘原液时应先将碘化钾溶解，再加入碘单质。

（4）残留淀粉含量应落在标准曲线范围内，否则求得的酶活力不准确。

六、结果记录及分析讨论

1. 实验结果记录

记录分光光度计测得的每个试管中 A_{660} 及淀粉含量，通过 Excel 绘制出标准曲线，并求得标准曲线方程。

2. 酶活力的计算

根据样品的 A_{660} 查标准曲线求得残留淀粉含量，进而根据酶活力公式求得粗酶液中淀粉酶活力大小。

3. 结果分析讨论

分析讨论标准曲线结果，分析讨论酶活力大小的影响因素及实验过程中出现的误差。查阅资料论述该实验在发酵工程上游技术的意义。

七、思考题

（1）空白对照是否可以用蒸馏水代替？

（2）磷酸氢二钠-柠檬酸缓冲液的作用是什么？

实验四　液化型淀粉酶发酵菌种的紫外诱变育种

一、实验目的

1. 学习紫外诱变育种的基本原理及技术。
2. 通过诱变技术筛选出高产 α-淀粉酶的菌株。

二、实验原理

菌种改良技术是发酵工业的技术支撑。从自然界分离得到的菌株其发酵活力往往较低，不能满足工业生产的需求。因此采用物理、化学或生物学等方法经过人工选育得到新的具有优良性状的突变株以提高发酵产量和质量后才能用于工业化生产。

紫外线是一种最常用的有效的物理诱变因子，主要是由于它能引起 DNA 相邻的 2 个嘧啶核苷酸形成二聚体而影响 DNA 的正常复制，从而造成子代基因突变。尽管绝大多数的突变都是不利于微生物生长和代谢的，但经过人工筛选可得到极少数正突变株（即按照人们的意愿突变），进而提高工业发酵效率。

紫外线诱变，一般采用 15W 或 30W 紫外线灯，照射距离为 20~30cm，照射时间依菌种而异，一般为 1~3min，死亡率控制在 50%~80%为宜。被照射处理的细胞，必须呈均匀分散的单细胞悬浮液状态，以利于均匀接触诱变剂。同时，对于细菌细胞的生理状态则要求培养至对数期为最好。本实验利用紫外线诱变处理本章实验三中筛选得到的淀粉酶产量较高的菌株，可通过透明圈法初筛，选择淀粉酶活力高的突变生产菌株。

三、实验材料、仪器及试剂

1. 实验材料
本章实验三中液化性淀粉酶活力最高的菌株。

2. 实验仪器及耗材
有紫外灯（15W 或 30W）的超净工作台、电磁力搅拌器（含磁珠）、红光灯、离心机、培养皿、涂布器、10mL 离心管、恒温摇床、培养箱、直尺、移液枪、枪头等。

3. 实验试剂
（1）淀粉酶产生菌筛选固体培养基（见本章实验二）和 LB 液体培养基（见本章实验三）。
（2）显色用碘液　称取碘化钾 4.4g，加入 5mL 蒸馏水溶解，加入 2.2g 碘，溶解后定容至 100mL，储存于棕色试剂瓶中。将其用蒸馏水稀释 5 倍用于淀粉显色反应。
（3）无菌水。

四、实验步骤

1. 出发菌株的培养
用接种环挑取单菌落于盛有 20mL LB 液体培养基的锥形瓶中，于 37℃摇床振荡培养 12h，此时期约为菌种生长对数期。

2. 菌悬液的制备
取 1mL 发酵液于 1.5mL 离心管中，以 6000r/min 离心 2min，弃去上清液。加入无菌水 9mL，重悬洗涤，以 6000r/min 离心 2min，弃上清液。加入无菌水 9mL，重悬洗涤。

3. 诱变处理

将菌悬液倾于无菌培养皿（内放一个磁力搅拌棒）中，置于电磁力搅拌器上，将其放置于超净工作台紫外灯下（距离30cm）。关闭白光，打开红光光源，打开紫外灯分别照射30s、60s、90s（照射时打开皿盖）。

4. 菌悬液涂布及培养

取0.1mL不同诱变时间的菌悬液于淀粉酶产生菌筛选培养基平板上，用涂布器涂匀。用锡箔纸包好培养皿，置37℃培养箱倒置培养24h。

5. 观察、测定

在菌落周围滴加碘液，观察并测定透明圈直径（C）和菌落直径（H），挑选C/H值最大的突变株（参照本章实验二）。

五、注意事项

（1）由于生物体内存在光修复酶，因此紫外诱变操作时应将白光关闭，打开红光灯照明，避免紫外诱变后发生回复突变。

（2）诱变具有累积效应，诱变时间可叠加，因此可以只准备一皿菌悬液，每隔30s关掉紫外灯，取0.1mL涂布于筛选培养基中。

（3）紫外线对人体的细胞，尤其是人的眼睛和皮肤有伤害性，长时间与紫外线接触会造成灼伤，故操作时要注意。打开紫外灯后，应立即关闭超净工作台玻璃门。

（4）空气在紫外灯照射下，会产生臭氧，臭氧也有杀菌作用。臭氧过高，对人体有一定的危害，应尽量控制臭氧在空气中的含量。

六、结果记录及分析讨论

1. 实验结果记录

记录紫外灯管与诱变菌悬液的距离、紫外诱变的时间；碘液显色后拍照记录并测量透明圈直径与菌落大小之间的比值，筛选出最优的突变株。某些突变株还可能出现除了透明圈之外的表型，请描述并分析其原因。

2. 分析讨论

讨论分析诱变育种对发酵工程的意义。

七、思考题

（1）利用紫外诱变育种，应注意哪些事项？

（2）为什么紫外诱变应选用对数生长期的微生物进行诱变？

（3）查阅资料，还有哪些常用的微生物诱变育种方法，其基本原理是什么？

实验五　发酵菌种的复壮和保藏

一、实验目的

1. 了解菌种衰退的原理。

2. 熟悉发酵菌种的复壮和保藏方法。

二、实验原理

菌种在传代过程中，伴随着生产性能的逐渐下降，这就是菌种的衰退。菌种衰退是指某纯种微生物群体中的个体由于自发突变，而使该微生物原有的一系列生物学性状发生衰退性的量变或质变的现象。菌种发生衰退后使衰退的菌种重新恢复原来的优良特性的过程，称为复壮。一旦发生衰退，就必须立即进行菌种的复壮，常用的方法是对已退化菌株进行单细胞分离纯化。

菌种保藏是指通过适当方法使微生物能长期存活，并保持原种的生物学性状稳定不变，这是防止菌种衰退的一项措施。其原理是根据微生物的生理、生化特点，人为地创造条件，使微生物的代谢处于不活泼、生长繁殖受抑制的休眠状态。保藏时首先要挑选优良纯种，最好是休眠体，例如孢子、芽孢等，其次要创造最有利于休眠的环境条件，如低温、干燥、缺氧和缺营养等，以达到降低其代谢活动、延长保存期的目的。常用的保藏方法主要有斜面低温保藏法、甘油管保藏法、矿油封藏法、冷冻真空干燥法以及液氮超低温保藏法。本实验主要采用斜面低温保藏法，将菌种接种在不同成分的斜面培养基上，待菌种生长完全后，置于4℃冰箱中保藏，每隔一定时间移植培养，再将新斜面继续保藏。该法适用于各类微生物，其操作简单，不需要特殊设备，但是保存时间短，传代多，较易发生变异。

三、实验材料、仪器及试剂

1. 实验材料

本章实验四中，经紫外诱变获得的淀粉酶高产菌株或其他菌株。

2. 实验仪器及耗材

电子天平、高压蒸汽灭菌锅、超净工作台、培养箱、接种环、大试管、冰箱等。

3. 实验试剂及配制方法

LB 固体培养基（见本章实验一）。

四、实验步骤

1. 配制 LB 固体培养基，灭菌后，加入到大试管中，将试管倾斜放置，待培养基冷却后制成斜面固体培养基。

2. 将菌种用接种环划线接种到斜面培养基上。

3. 在 37℃下培养过夜。

4. 待菌体长出后贴上标签，用保鲜袋包好放入 4℃冰箱。

五、注意事项

斜面保藏法适用于各类微生物，其操作简单，不需要特殊设备，但是保存时间短，传代多，较易发生变异，因此每隔一定时间需移植培养，再将新斜面继续保藏。

六、结果记录及分析讨论

拍照记录斜面培养后的菌种生长状态；查阅资料分析讨论斜面保藏与其他保藏方法的优缺点。

七、思考题

查阅资料，说说液氮超低温保藏法与甘油保存法的原理及应用范围。

实验六　正交实验法优化生产菌株发酵培养基的配方

一、实验目的

1. 了解发酵培养基对微生物生长和产物形成的影响。
2. 掌握发酵培养基配制的原则。
3. 熟悉正交试验优化发酵培养基配方的方法。

二、实验原理

对于一个发酵过程，其微生物的生长或产物的形成受到发酵条件和发酵培养基等因素的影响。发酵培养基是指大生产时所用培养基，培养基中碳源含量比种子培养基较高。发酵培养基配方对发酵具有关键性影响，一般以经济节约为主要原则，常用廉价的农副产品为原料。一般在考虑某一菌种对培养基的要求时，除了满足发酵工业培养基的基本要求外，还要考虑菌体的同化能力、碳氮比等因素。因此培养基配方的设计在发酵工业中至关重要。发酵培养基的设计属于多因素的实验，需合理设计培养基配方，并通过验证以提高效率。

正交实验法是安排多因素、多水平的一种实验方法，即借助正交实验原理来计划安排实验，并正确地分析结果，找到实验的最佳条件，分清因素和水平的主次，这就能通过比较少的实验次数达到好的实验效果。本实验以筛选出的高产淀粉酶产生菌为例，研究不同培养基成分及含量对发酵特性的影响。试验共 4 个因素，3 个水平。

三、实验材料、仪器及试剂

1. 实验材料
菌种：实验初筛时得到的淀粉酶含量最大的菌株。
2. 实验仪器及耗材
电子天平、高压蒸汽灭菌锅、紫外超净工作台、紫外可见分光光度计、摇床、锥形瓶、移液枪、枪头、标签纸等。
3. 实验试剂
发酵培养基：由玉米粉作为碳源、豆饼粉作为氮源，配比根据正交试验确定（见表 6.6.1）。

四、实验步骤

1. 配制培养基
将玉米粉、豆饼粉、磷酸氢二钾（K_2HPO_4）、硫酸铵[$(NH_4)_2SO_4$]作为培养基的主要影响因素，每个因素设定 3 个水平，按照表 6.6.1 配制 9 组培养基，调节 pH 至 7.2～7.4，分装于 250mL 的锥形瓶中并标记好，保持每瓶的装液量一致。于高压蒸汽灭菌锅内 121℃灭菌 20min。
2. 种子的制备
挑取单菌落于 LB 液体培养基中，于 37℃以 185r/min 摇床培养至对数生长期。
3. 接种
待培养基冷却后，用移液枪按照 5%的接种量移取制备好的种子接种至 9 种不同配方的发酵培养基中。

4. 培养

将接种好的锥形瓶放入 37℃、180r/min 的摇床中培养过夜。

5. 酶活力测定

取发酵培养液各 1.5mL，以 8000r/min 离心收集上清液测定淀粉酶活力（参照本章实验三），比较各组培养基配方的淀粉酶活力，确定最佳培养基方案。

五、注意事项

（1）实验中应保持接种量、转速、温度、时间等因素一致。

（2）9组实验中，接种用的种子培养基应一致。

六、结果记录及分析讨论

1. 实验结果记录

按表 6.6.1 记录实验结果。

表 6.6.1 淀粉酶产生菌发酵培养基优化正交试验表

试验号	玉米粉		豆饼粉		K₂HPO₄		(NH₄)₂SO₄		淀粉酶活力
	水平	含量/(g/L)	水平	含量/(g/L)	水平	含量/(g/L)	水平	含量/(g/L)	y
1	1	40	1	20	1	6	1	4	y1
2	1	40	2	40	2	8	2	6	y2
3	1	40	3	60	3	10	3	8	y3
4	2	60	1	20	2	8	3	8	y4
5	2	60	2	40	3	10	1	4	y5
6	2	60	3	60	1	6	2	6	y6
7	3	80	1	20	3	10	2	6	y7
8	3	80	2	40	1	6	3	8	y8
9	3	80	3	60	2	8	1	4	y9
k_1									
k_2									
k_3									
极差 R									

2. 极差分析计算

正交试验结果的极差分析法相比于方差分析，具有计算量小、计算简单、分析速度快等优点，但分析结果的精确性比方差分析差。极差分析如下所述。

计算 k 值和 R 值，以玉米粉因子为例：

$k1=(y1+y2+y3)/3$ 玉米粉因子 1 水平的 3 个试验结果之平均值；

$k2=(y4+y5+y6)/3$ 玉米粉因子 2 水平的 3 个试验结果之平均值；

$k3=(y7+y8+y9)/3$ 玉米粉因子 3 水平的 3 个试验结果之平均值。

$$极差\ R=k_{max}-k_{min}$$

同理，求出其他因子的 k 值和极差 R。

3. 结果分析讨论

（1）作用因素与试验结果的关系图　以因素的不同水平作横坐标，以 k 值作纵坐标，把每个因素不同水平与所对应的 k 值作曲线图。

（2）判断各因素主次关系及其显著性　根据极差 R 的大小，可判断各因素对试验结果影响的大小。判断的原则是：R 越大，所对应的因子越重要。

（3）确定最优水平组合　根据 $k1$、$k2$、$k3$ 值的大小来确定各因子取决于哪个水平酶活力最高。确定的原则根据对指标值的要求而定：如果要求指标值越大越好，则取最大的 k 所对应的那个水平；如果要求指标值越小越好，则取最小的 k 所对应的那个水平。

七、思考题

（1）请查阅资料设计一个发酵培养条件优化的合理实验方案。

（2）请查阅资料，说明用方差分析法如何分析正交实验结果。

实验七　生长曲线和产物形成曲线的测定

一、实验目的

1. 了解分批培养时微生物的生长和产物的形成规律及各时期的主要特点。

2. 学习微生物生长曲线和产物形成曲线的测定方法。

二、实验原理

微生物是发酵的主体，在分批培养中依据微生物生长速率的不同，一般可把生长曲线分为延滞期、对数期、稳定期和衰亡期四个阶段，这四个时期长短因菌种的遗传特性、接种量和培养条件而异。延滞期是微生物对发酵条件的适应过程，这个过程中，微生物虽然不增长，但营养物质在不断消耗，微生物大量合成相关酶。而在发酵过程中若延滞期太长会使发酵周期延长，不利于提高发酵效率。工业生产中，常常采用增大接种量和用对数生长期的种子接种等方法来缩短适应期。对数期是微生物增长繁殖最快的时期，此时细胞代谢旺盛，大多数的初生代谢产物主要在这个时期合成。当微生物的生长达到稳定期后，其细胞数量不再增长，维持一个相对稳定的过程。这个时期，细胞数量最高，大量合成次级代谢产物。如果发酵的目的是获得大量的微生物菌体则应在发酵稳定期的前期终止发酵；若要获得代谢产物，一般在稳定期中后期发酵结束。

将微生物按照一定比例接种到一定体积的新鲜培养基中，在一定条件下培养不同时间测定培养液中微生物的生长量、产物增长量，以生长量和产物增长量为纵坐标、培养时间为横坐标，得到的曲线就是微生物的生长曲线和产物形成曲线。

测定微生物的数量有多种方法，如血细胞计数法、平板活菌计数法、称重法、比浊法等。本实验采用比浊法，由于菌悬液浓度与吸光度 A_{560} 成正比，只要用分光光度计测得菌液 A_{560} 后与其对应培养时间作图，可绘出该菌株的生长曲线。

产物形成曲线是产物产量对培养时间的曲线。工业发酵的目的是为了收获代谢产物，则需要了解产物积累与发酵时间的关系，才能提高发酵效率。

三、实验材料、仪器及试剂

1. 实验材料

本章实验四紫外诱变后得到的高产发酵菌株。

2. 实验仪器及耗材

电子天平、高压蒸汽灭菌锅、紫外可见分光光度计、紫外超净工作台、摇床、锥形瓶、移液枪、枪头、标签纸等。

3. 实验试剂及配制方法

（1）液体发酵培养基　本章实验六得到的最优培养基配方。

（2）培养基分装、灭菌等　配制好培养基后，将其分装到 100mL 的锥形瓶中，每瓶 40mL，每小组 12 瓶，连同水及枪头等一起灭菌（121℃，20min）。

四、实验步骤

1. 菌种的活化

用接种环或者无菌枪头挑取少量菌种在固体 LB 培养基中划线活化。

2. 种子的制备

挑取活化的单菌落，接种于 40mL LB 培养基中，于 37℃、摇床 185r/min 过夜培养。

3. 接种

按照 5% 的接种量接种到新的液体发酵培养基中，一共接种 12 瓶。

4. A_{560} 和酶活性的测定

每隔 2h 取出一瓶（其中接种后摇匀取样为 0 点），在紫外分光光度计下测定其 560nm 处的吸光度和淀粉酶活力（参照本章实验三）。

5. 绘制生长曲线和产物形成曲线

记录好每个时间点的 A_{560} 和淀粉酶活力，以时间为横坐标、A_{560} 或淀粉酶活力为纵坐标分别绘制出其生长曲线和产物形成曲线。

五、实验注意事项

（1）各瓶的接种量、培养条件应一致。

（2）若吸光度太高，可适当稀释后测定。

（3）因培养液中含有较多的颗粒性物质，测吸光度时应摇匀后再加入到比色皿中并马上读数，否则颗粒沉淀影响测定结果。稀释十倍后测定是可行的方法。

六、结果记录及分析讨论

1. 实验结果记录

培养时长/h	0	2	4	6	8	10	12	16	18	20	22	24
OD$_{560}$												
淀粉酶活力												

2. 绘制生长曲线和产物形成曲线。

3. 结果分析讨论

（1）请根据生长曲线，划分出分批培养的五个时期：延迟期、对数生长期、衰减期、稳定期以及衰亡期，并说明原因。

（2）根据生长曲线和产物形成曲线的关系，分析若利用此菌株进行发酵生产淀粉酶则应如何调控发酵过程，并说明原因。

七、思考题

是否可以从同一摇瓶中取出 1mL 进行检测？请说明原因。

第七章

生物分离工程实验

生化物质分离技术是生物工程学科中的一个重要组成部分，是生物技术、生物工程等专业学生的一门主要专业必修课程。生物分离工程教授学生基本的生化分离技术的原理和方法，实验教学的开展不仅能使学生更深入理解和消化课堂理论教学知识，还能提高学生的实践动手能力、分析问题和解决问题的能力，同时对培养学生的科研思维能力和创新能力也有较大益处，是整个教学环节中不可或缺的部分。在当今生物工程和生物技术飞速发展的时代，生物分离技术更凸显其独特的重要地位和作用。

实验一　牛乳中酪蛋白的提取及含量测定

一、实验目的

1. 掌握等电点法提取蛋白质的基本原理及基本操作，熟悉后续分离步骤原理。
2. 掌握双缩脲法测定蛋白质含量的基本原理及基本操作。
3. 熟悉标准曲线的绘制及精确度和适用范围的判定。

二、实验原理

牛乳蛋白（牛奶中含量为 $32\sim35g/L$）是牛奶中很多种蛋白质的混合物总称，主要由酪蛋白和乳清蛋白两大部分组成。酪蛋白是牛乳蛋白中最丰富的一类蛋白质，它不是单一的蛋白质，而是以含磷蛋白质为主体的几种蛋白质的复合体，约占牛乳蛋白的 $80\%\sim82\%$。它在牛乳中含量比较稳定，利用这一性质，测定乳制品中酪蛋白含量可以鉴别牛乳中是否掺假。

酪蛋白在其等电点时由于静电荷为零，同种电荷间的排斥作用消失，溶解度很低。利用这一性质，将牛乳调到 pH 4.6，酪蛋白就从牛乳中分离出来，而其他蛋白质则仍留在乳清中。酪蛋白不溶于乙醇，这个性质被利用来从酪蛋白粗制剂中将脂类杂质除去。

本实验采用双缩脲法测定酪蛋白。其原理：蛋白质含肽键，肽键在碱性溶液中可与铜离子形成紫红色化合物，在 540nm 波长处有最大吸收，其颜色深浅与蛋白质浓度成正比，而与蛋白质分子量及氨基酸组成无关。

三、实验材料、仪器及试剂

1. 实验材料

市售纯牛奶（蒙牛或伊利），250mL/瓶，每组至少 50mL。

2. 实验仪器及耗材

电子天平、恒温水浴锅、离心机、干燥箱、紫外可见分光光度计、擦镜纸、比色皿（玻璃比色皿 2 盒，10 个/盒，540nm）、真空抽滤泵（需每年更换设备配套胶管）、抽滤瓶、布氏漏斗、布氏漏斗配套大胶塞、配套胶管、50mL 烧杯、50mL 离心管、量筒、玻璃棒、容量瓶、表面皿、中速定性滤纸、干燥试管、试管架、标签纸、称量纸、称量勺、移液管、移液管架、洗耳球等。

3. 实验试剂及配制方法

（1）0.2mol/L pH 4.6 的 HAc-NaAc 缓冲液　配制方法见附录。

（2）0.1mol/L NaOH 溶液　4g NaOH，以蒸馏水定容至 1000mL。

（3）95%乙醇。

（4）无水乙醚-无水乙醇混合液（1∶1）。

（5）无水乙醚。

（6）50mg/mL 酪蛋白溶液　5g 酪蛋白，用 0.1mol/L NaOH 溶解，定容至 100mL。

（7）10% NaOH　双缩脲配制用。

（8）双缩脲试剂　称取硫酸铜（$CuSO_4 \cdot 5H_2O$）1.5g，加水 100mL，加热助溶；另称取酒石酸钾钠（$NaKC_4H_4O_6 \cdot 4H_2O$）6.0g、碘化钾 5g 溶于 500mL 水中。两液混匀后，在搅拌下加入 10% NaOH 300mL，用水稀释至 1000mL，储存于塑料瓶中。此液可长期保存，若瓶底出现黑色沉淀则需重新配制。

四、实验步骤

1. 牛乳中酪蛋白的等电点沉淀

（1）量取 25mL 牛乳两份，分别置于 50mL 烧杯中，水浴加热至 40℃。边搅拌边缓慢加入到已预热至 40℃的等体积 0.2mol/L pH 4.6 HAc-NaAc 缓冲液中，混匀，用冰醋酸调节溶液 pH 至 4.6～4.7，此时即有大量的酪蛋白沉淀析出。

（2）将上述悬浮液 4℃冷却静置 30min 沉淀酪蛋白，转移至离心管中于 4000r/min 离心 15min，弃去上清液，收集沉淀即为酪蛋白粗提物。一份沉淀用于下文 2.中"除杂"步骤；另一份沉淀用 0.1mol/L NaOH 溶液溶解，并定容至 100mL，用于下文"3.（2）牛乳中酪蛋白含量的测定"步骤。

2. 酪蛋白的除杂提纯

（1）将上述所得一份沉淀捣碎，先加 20mL 蒸馏水（去除乳糖、乳清蛋白）洗涤、搅拌制成悬浮液，4000r/min 离心 5min，弃去上清液；并继续重复水洗 1 次。

（2）将沉淀捣碎，加入 10mL 95%乙醇（去除脂类），搅拌制成悬浮液，将此悬浮液倾倒于铺了一层均匀浸湿滤纸且贴合较好的布氏漏斗中，真空抽滤、除去乙醇溶液。

（3）将沉淀捣碎，用 10mL 乙醚-乙醇混合液（1∶1）洗涤、搅拌、真空抽滤 2 次。

（4）将沉淀捣碎，用 10mL 乙醚（挥发快，便于干燥）洗涤、搅拌、真空抽滤干燥 2 次。

（5）将沉淀小心从布氏漏斗中移出，置表面皿上摊开，挥干乙醚后，置烘箱中于 80℃干燥 30min 以上，所得产品即为纯化所得的酪蛋白结晶，称重，记为 m_1（实测值）。

3. 双缩脲法测定酪蛋白的含量

（1）酪蛋白标准曲线的绘制　取 10mL 具塞干燥试管 6 支，编好 0～5 号，分别加入 10mg/mL 酪蛋白溶液 0.0mL、0.2mL、0.4mL、0.6mL、0.8mL、1.0mL 于试管中，不足 1.0mL 者用 0.1mol/L NaOH 溶液补足 1.0mL，然后分别加入 4.0mL 双缩脲试剂，混匀，室温下反应 30min。以 0 号管为空白对照，测定 540nm 波长处吸光度。以酪蛋白含量为横坐标、吸光度值为纵坐标，绘制酪蛋白标准曲线。试剂添加见表 7.1.1。

表 7.1.1 双缩脲法测定蛋白质浓度试剂添加量

编 号	0	1	2	3	4	5
10mg/mL 酪蛋白溶液/mL	0.0	0.2	0.4	0.6	0.8	1.0
0.1mol/L NaOH 溶液/mL	1	0.8	0.6	0.4	0.2	0
双缩脲试剂/mL	4	4	4	4	4	4
反应	充分混匀，室温反应 30min，540nm 处测吸光度（A_{540}）					

注：反应 30min，时间过长可能有雾状沉淀产生。各管由显色到比色的时间尽可能一致。

（2）牛乳中酪蛋白含量的测定　取具塞干燥试管 4 支，编号 1-0～1-3，各管中分别加入"步骤 1"中定容至 100mL 的酪蛋白样品溶液 1.0mL。1-0 号管加 4.0mL 0.1mol/L NaOH 溶液，而 1-1～1-3 号管加入 4.0mL 双缩脲试剂，混匀，室温下反应 30min。以"1-0"号管为空白对照，测定 540nm 波长处的吸光度，求 3 管的吸光度平均值。根据酪蛋白标准曲线方程，求得所测牛乳样品中的酪蛋白浓度（c），进而求得此份牛乳（25mL）中酪蛋白的理论质量（m_2）。

五、注意事项

（1）以等电点沉淀蛋白质时，应注意将牛乳和缓冲液混匀后应再次调整 pH 至等电点，以保证沉淀充分。

（2）进行酪蛋白的除杂提纯处理时，蒸馏水、95%乙醇、乙醚-乙醇混合液（1∶1）、乙醚的溶剂顺序不能颠倒。

六、结果记录及分析讨论

1. 酪蛋白标准曲线的数据记录（见表 7.1.2）及绘制标准曲线

表 7.1.2 双缩脲法测定蛋白质浓度测定结果记录

编 号	0	1	2	3	4	5
酪蛋白含量/（mg/mL）	0	2	4	6	8	10
A_{540}						

酪蛋白标准曲线测定所得数据需采用合适的数据处理软件（如 Excel、Origin 等）处理，并将处理所得的图表（包括标题，横、纵坐标名称及单位）及关键信息表述如图 7.1.1 所示。

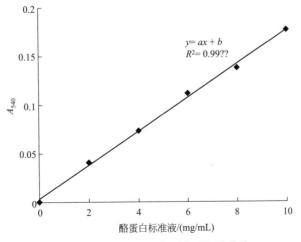

图 7.1.1 双缩脲法测定蛋白质标准曲线

标准方程：$y=ax+b$（以实验所得结果为准记录）

R^2 值=0.99？？（最好达到 0.99 以上，以实验所得结果为准记录）

标准曲线散点/数据分布情况描述、精确性及适用性判断：

2. 牛乳中酪蛋白含量的测定结果记录（见表 7.1.3）及计算

表 7.1.3   牛乳中酪蛋白含量的测定结果记录

牛乳样品溶液编号	1-0	1-1	1-2	1-3
A_{540}				
$\bar{A}_{540}$				

根据上述双缩脲法测定得到蛋白质标准曲线方程，待测牛乳样品中酪蛋白浓度 c（mg/mL）为：

3．牛乳中酪蛋白的实际得率计算

25mL 牛乳中酪蛋白沉淀实测质量 m_1=   （须有原始数据记录）

$$25\text{mL 牛乳中酪蛋白的理论质量 } m_2=c\times100 \tag{7.1.1}$$

$$\text{牛乳中酪蛋白的实际得率}=\frac{\text{实测质量}}{\text{理论质量}}\times100\% \tag{7.1.2}$$

4．结果分析与讨论

（1）试比较实验所得牛乳酪蛋白实测质量（m_1）是否符合牛乳中酪蛋白的理论含量，并分析导致该结果的原因。

（2）试比较实验所得的牛乳酪蛋白理论质量（m_2）是否符合牛乳中酪蛋白的理论含量，并分析导致该结果的原因。

七、思考题

（1）为什么在等电点沉淀时需加热至 40℃？

（2）除杂时，能否将该处理的溶剂的顺序颠倒？为什么？

实验二   维生素 A 的提取及含量测定

一、实验目的

1. 学习脂溶性维生素的提取及其含量测定方法。

2. 掌握三氯化锑法测定维生素 A 含量的原理及注意事项。

二、实验原理

肝脏是动物体内储存维生素 A 的重要器官，每 100g 猪肝中含维生素 A 1300～4600μg。

维生素 A 的分子式如图 7.2.1 所示。

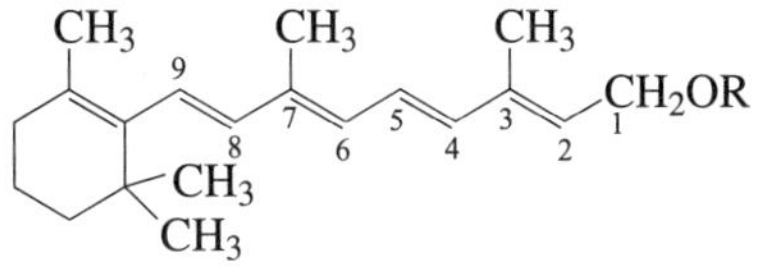

R：—H，维生素A醇；—COCH$_3$，维生素A醋酸酯；—COC$_{15}$H$_{31}$，维生素A棕榈酸酯

图 7.2.1　维生素 A 的结构

1931 年，国际联盟卫生组织的维生素委员会，首先规定了各种维生素 A 的国际单位：每 1 个国际单位的维生素 A 醇相当于 0.3μg，若是它的醋酸酯则为 0.344μg。

维生素 A 属于脂溶性维生素，故可用脂类溶剂如乙醇、氯仿等从组织细胞中提取。维生素 A 与饱和三氯化锑的氯仿（无水无醇）溶液反应生成一种蓝色的化合物，渐变成紫红色。其机制为维生素 A 与氯化锑（Ⅲ）中存在的亲电试剂氯化高锑（Ⅴ）作用形成不稳定的蓝色碳正离子，此反应称为 Carr-Price 反应（图 7.2.2），可用于维生素 A 的定性鉴定和定量测定。此化合物颜色的深浅与维生素 A 的量之间有线性关系，因此可用比色法测定维生素 A 的含量。在一定时间（5～10s）内可用紫外分光光度计在 620nm 波长下测定其吸光度。

$$维生素A \xrightarrow[CHCl_3（无水无醇）]{SbCl_3} 蓝色 \longrightarrow 紫红色$$

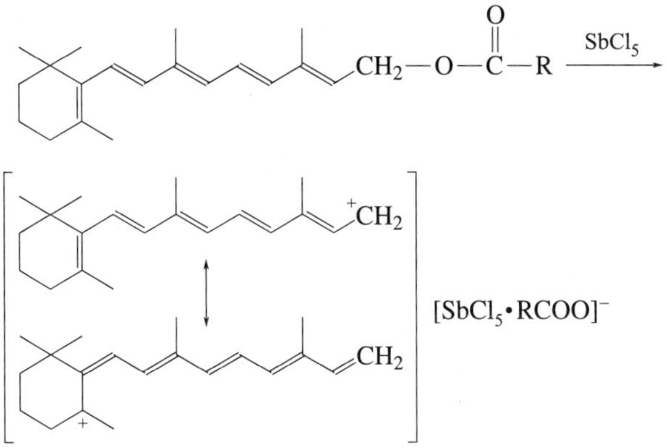

图 7.2.2　三氯化锑反应（Carr-Price 反应）

三、实验材料、仪器及试剂

1. 实验材料

鲜猪肝，购自附近农贸市场。

2. 实验仪器及耗材

电子分析天平、恒温水浴、恒温摇床、冰箱、紫外可见分光光度计、比色皿（石英或玻璃材质）、锡箔纸、剪刀、镊子、研钵及钵棒、100mL 具塞锥形瓶、200mL、100mL、50mL、25mL 容量瓶；普通试管：15mL×12 支/组；10mL、5mL、2mL、1mL 移液管或 1mL、0.2mL 移液器；洗瓶、试管架、移液管架、试管夹、玻璃棒、量筒、称量勺、称量纸、标签纸、一次性 PE 手套 10 包、橡胶手套 100 双、家用洗刷橡胶手套 4 副、试管刷、塑料水盆 2 个等。

3. 实验试剂及配制方法

（1）无水硫酸钠 2 瓶、乙醚 10 瓶、氯仿 10 瓶、乙酸酐 2 瓶、盐酸 5 瓶。

（2）100IU/mL 维生素 A 标准溶液　取鱼肝油胶丸（_____IU/粒）一粒，用氯仿作溶剂溶解，定容配成 100IU/mL 的标准溶液。配制完成后装于棕色试剂瓶中，最好用锡箔纸包裹。注意：见光易分解，现用现配，避光保存。

（3）25%三氯化锑-氯仿溶液　准确称取干燥的三氯化锑 25g 溶于无水氯仿中，定容至100mL。棕色瓶避光储存。现用现配。

注意：三氯化锑遇水会很快水解成氯氧化锑沉淀！实验使用后的试管不可直接用水洗，需用较高浓度的盐酸溶液方可洗干净。使用时需戴 PE 手套或橡胶手套。

四、实验步骤

1. 研磨法提取猪肝维生素 A

（1）研磨　精确称取 5g 样品（$m=$_____），置于研钵内，加入 3 倍样品质量的无水硫酸钠，仔细研磨并尽量破碎细胞，直至样品中的水分完全被吸收。

（2）提取　小心将上述研磨物移入带塞的锥形瓶（锥形瓶应用黑纸或锡箔纸裹住）中，准确加入 50mL 乙醚，盖好塞子，用力振摇 10min，使样品中的维生素 A 溶入乙醚中，将锥形瓶置于 4℃冰箱中约 30min，直至乙醚液澄清为止。

（3）浓缩　取澄清乙醚提取液 $V_1=$____mL（0.5～2mL）三份，分别放入干燥玻璃试管或比色管中，在 70～80℃水浴蒸干或 70～80℃烘箱烘干，立刻加入 1mL 氯仿溶解该残渣，用于后续猪肝样品维生素 A 含量测定。

2. 维生素 A 含量测定

（1）维生素 A 标准曲线的绘制　取 11 支干燥试管，按表 7.2.1 配制维生素 A 标准系列浓度溶液（如 10IU/mL、20IU/mL、30IU/mL、40IU/mL、50IU/mL、60IU/mL、70IU/mL、80IU/mL、90IU/mL、100IU/mL）各 1mL，并于各管加入 1 滴醋酸酐。将标准比色系列溶液按顺序移至分光光度计前，用 0 号管做空白对照于 620nm 波长处调零；其他管依次加入 9mL 25%三氯化锑-氯仿溶液，混匀，在 5～10s 内迅速测定吸光度。以维生素 A 含量为横坐标、吸光度为纵坐标，绘制维生素 A 标准曲线图。

表 7.2.1　三氯化锑反应测定维生素 A 含量——标准曲线的绘制

试剂/编号	0	1	2	3	4	5	6	7	8	9	10
100IU/mL 维生素 A 标准溶液/mL	0	0.1	0.2	0.3	0.4	0.5	0.6	0.7	0.8	0.9	1.0
氯仿/mL	1.0	0.9	0.8	0.7	0.6	0.5	0.4	0.3	0.2	0.1	0
醋酸酐	1～2 滴										
25%三氯化锑溶液	0	9mL（一管一管地加，测完后再加后一管）									
反应	混匀，5～10s 测样，组内标准曲线和样品测样时间应一致										
维生素 A 含量/(IU/mL)	0	10	20	30	40	50	60	70	80	90	100
A_{620}	0										

（2）猪肝样品维生素 A 含量的测定　取"步骤 1"70～80℃蒸干或烘干所得的 3 份猪肝维生素 A 平行样品，加 1mL 氯仿将其溶解，滴加 1 滴醋酸酐和 9mL 三氯化锑-氯仿溶液，各

管混匀。以标准溶液 0 号管为空白对照，于 620nm 波长处在 5～10s 内测其吸光值。求 3 个平行样品吸光度平均值，计算猪肝样品中维生素 A 的含量。

五、注意事项

（1）维生素 A 见光易分解，故操作应尽量在暗处进行。

（2）定量测定维生素 A 所用的试剂和玻璃器皿、器材应洁净，必须绝对干燥。因为微量水分可使三氯化锑先生成碱式盐[Sb(OH)$_2$Cl]，再变为氯氧化锑（SbOCl），此化合物不再与维生素 A 反应，并出现浑浊，妨碍实验的进行。因此需在试管中加入 1～2 滴醋酸酐除去微量吸入的水分。

（3）乙醇可以和碳正离子作用使其正电荷消失，反应不能进行。

（4）提取测定的整个过程应尽快完成，以减少误差。

（5）维生素 D 与三氯化锑-氯仿溶液反应产生的橙黄色化合物在 500nm 下有吸收，可用于测定维生素 D 的含量，但当维生素 A 和维生素 D 同时存在时，必须除去维生素 D。

六、结果记录及分析讨论

1. 维生素 A 标准曲线的数据记录、绘制和标准方程

参照本章实验一结果处理示例，设计表格并记录测定结果、绘制标准曲线，并将处理所得的图表（包括标题，横、纵坐标名称及单位）及关键信息记录于实验报告中，同时对标准曲线进行评价（精确性、适用性等）。

2. 猪肝维生素 A（氯仿溶液）浓度的测定数据记录及计算

结果记录于表 7.2.2。

表 7.2.2　猪肝维生素 A（三氯甲烷溶液）浓度的测定结果记录

猪肝样品溶液编号	1-1	1-2	1-3
A_{620}			
$\overline{A}_{620}$			

猪肝维生素 A（氯仿溶液）浓度 c（单位：_____）计算：

计算依据：

计算过程：

3. 猪肝样品中维生素 A 的含量计算

以%或者μg/100g 为单位表示，注意测定过程中溶液的稀释。

4. 结果分析与讨论

（1）自行查阅资料，试比较实验测得的猪肝样品中维生素 A 含量是否符合理论值。

（2）根据对比实验结果，分析讨论导致该结果偏高或偏低的原因。

七、思考题

查阅维生素 A 检测相关国家检测标准，总结测定维生素 A 的含量有哪些方法？并比较各自的优缺点。

实验三   大蒜细胞 SOD 酶的提取与分离

一、实验目的

1. 掌握 SOD 酶的提取、分离、含量测定方法——邻苯三酚自氧化法。
2. 熟悉酶在提取过程中的两个重要参数——回收率和纯化倍数的计算。

二、实验原理

大蒜蒜瓣和悬浮培养的大蒜细胞中含有较丰富的 SOD，通过组织或者细胞破碎后，可用 pH 7.8 的磷酸盐缓冲液提取出来。由于 SOD 不溶于丙酮，可用丙酮将其沉淀析出。超氧化物歧化酶（SOD）是一种具有抗氧化、抗衰老、抗辐射和消炎作用的药用酶，广泛存在于植物的各个器官。它以催化超氧阴离子（O_2^-）进行歧化反应，生成氧和过氧化氢：$2O_2^- + 2H^+ \longrightarrow O_2 + H_2O_2$。

由于超氧阴离子（O_2^-）为不稳定自由基，寿命较短，测定 SOD 活性一般为间接方法。

邻苯三酚在酸性环境中稳定，但在弱碱性环境中可迅速自氧化，释放出 O_2^-，生成带色的不稳定半醌类中间产物，反应开始后先变成黄绿色，几分钟后转变为黄色。邻苯三酚自氧化产生的中间产物在 40s～3min 这段时间，生成物与时间有较好的线性关系，在 325nm 处有最大吸收峰，采用分光光度计进行检测。当该体系中有 SOD 加入时，SOD 催化 O_2^- 发生歧化反应生成 O_2 和 H_2O_2，从而有效抑制邻苯三酚自氧化释放出的 O_2^- 生成带色的中间产物的积累，降低了邻苯三酚自氧化速率，利用这一原理可较快速地测定 SOD 的酶活性。因此，通过测定光吸收度即可求出样品中 SOD 酶的活性。从感官上颜色变化为颜色深→外源添加 SOD 后→颜色变浅，即 SOD 酶活力越大，颜色越浅。本法具有特异性强、所需样本量少（仅 50μL）、操作快速简单、重复性好、灵敏度高、试剂简单等优点。

三、实验材料、仪器及试剂

1. 实验材料

新鲜蒜瓣，购自附近农贸市场或超市。

2. 实验仪器及耗材

电子天平、恒温水浴锅、离心机、干燥箱、紫外可见分光光度计、石英比色皿、真空抽滤泵及抽滤瓶、布氏漏斗等。

3. 实验试剂及配制方法

（1）0.05mol/L pH 7.8 磷酸盐缓冲液   配制方法见附录。

（2）氯仿-乙醇混合溶剂   氯仿：无水乙醇=3:5。

（3）丙酮   用前需冷却至 4～10℃。

（4）0.1mol/L pH 8.2 Tris-HCl 缓冲液（内含 2mmol/L Na₂EDTA）   称取 12.114g Tris、0.676g Na₂EDTA，加蒸馏水约 800mL，然后往其中滴加浓盐酸，测定其 pH 值约为 8.2，再补加蒸馏水定容至 1L。

（5）10mmol/L HCl   精确量取 0.83mL 盐酸，加入 1000mL 容量瓶中，加蒸馏水稀释定容至刻度，摇匀即可。

（6）45mmol/L 邻苯三酚（内含 10mmol/L HCl）   称取 5.675g 邻苯三酚，用 10mmol/L 稀盐酸溶液稀释定容至 1000mL。

四、实验步骤

1. 大蒜组织或细胞破碎

称取 5g 大蒜蒜瓣，置于研钵中研磨，使组织或细胞破碎。

2. SOD 的提取

将上述破碎的组织或细胞，加入 3 倍体积的 0.05mol/L pH 7.8 的磷酸盐缓冲液，继续研磨搅拌 20min，使 SOD 充分溶解到缓冲液中，然后在 6000r/min 下离心 15min，收集上清液即得 SOD 提取液。

留出 1mL 备用，剩余提取液准确量取体积（$V_{提取液}$=_____mL）后进行下步实验。

3. 除杂蛋白

提取液加入 0.25 倍体积的氯仿-乙醇混合溶剂搅拌 15min，6000r/min 离心 15min，去除杂蛋白沉淀，收集上清液得粗酶液。

留出 1mL 备用，剩余粗酶液准确量取体积（$V_{粗酶液}$=_____mL）后进行下步实验。

4. SOD 的沉淀分离

将上述粗酶液加入等体积的冷丙酮，搅拌 15min，以 6000r/min 离心 15min，得 SOD 沉淀。

将 SOD 沉淀溶于 5mL 0.05mol/L pH7.8 的磷酸盐缓冲液中，再加水 5mL，以 6000r/min 离心 15min，收集上清液，即得 SOD 酶液。准确量取体积。留出 1mL 备用，剩余 SOD 酶液准确量取体积（$V_{酶液}$=_____mL）。

将上述提取液、粗酶液和酶液分别取样，测定各自的 SOD 活力和蛋白质浓度。

5. SOD 活力测定——邻苯三酚自氧化法

（1）邻苯三酚自氧化速率的测定　在试管中按表 7.3.1 加入各试剂，加入邻苯三酚后马上计时，迅速摇匀，将校零管 0 和测定管 0 分别倒入石英比色皿中，在 325nm 波长下，从第 1min 开始，每隔 30s 测一次吸光度，测至第 5min。以反应时间（min）为横坐标、吸光度为纵坐标、绘制反应曲线，计算邻苯三酚自氧化速率 k_0（直线斜率）。

表 7.3.1　邻苯三酚自氧化测定加样表

试　剂	加样量/mL		
	校零管 0	测定管 0	观察管 0
0.1mol/L pH 8.2 Tris-HCl 缓冲液	4.5	4.5	4.5
蒸馏水	4.4	4.4	4.4
10mmol/L HCl	0.1	—	—
45mmol/L 邻苯三酚	—	0.1	0.1
总体积	9.0	9.0	9.0

（2）SOD 酶活的测定　在试管中按表 7.3.2 加入各试剂，加入邻苯三酚后马上计时，迅速摇匀，将校零管和对应 SOD 样品的测定管分别倒入石英比色皿中，在 325nm 波长下，从第 1min 开始，每隔 30s 测一次吸光度，测至第 5min。以反应时间（min）为横坐标、吸光度为纵坐标、绘制反应曲线，分别计算加入大蒜 SOD 酶样品（提取液、粗酶液、酶液）后的邻苯三酚自氧化速率 k_1（直线斜率，各自命名为 $k_{1提}$、$k_{1粗}$、$k_{1酶}$）。

表 7.3.2   大蒜 SOD 酶活测定加样表

试　　剂	加样量/mL		
	校零管	测定管	观察管
0.1mol/L pH 8.2 Tris-HCl 缓冲液	4.5	4.5	4.5
蒸馏水	4.3	4.3	4.3
10mmol/L HCl	0.1	—	—
待测 SOD 样品（提取液、粗酶液、酶液）	0.1	0.1	0.1
45mmol/L 邻苯三酚	—	0.1	0.1
总体积	9.0	9.0	9.0

（3）酶活性单位定义　　1mL 反应液中，每分钟抑制邻苯三酚自氧化速率达 50% 时的酶量为一个活力单位。

按下式计算大蒜样品的 SOD 活力：

$$U = \frac{\dfrac{k_0 - k_1}{k_0} \div 50\% \times V_{\text{r-total}} \times \dfrac{D}{V_s}}{V_A} \qquad (7.3.1)$$

$$U_{\text{total}} = U V_{\text{s-total}} \qquad (7.3.2)$$

式中　　U——酶的单位体积活力，U/mL；

U_{total}——一定体积的酶的总活力，U；

$V_{\text{r-total}}$——反应液总体积，9mL；

D——样品液稀释倍数，1；

V_s——加入样品液体积，0.1mL；

V_A——活性单位定义体积，1mL；

$V_{\text{s-total}}$——样品液总体积，为实验过程中各 SOD 样品实测体积，mL。

6. 样品中可溶性蛋白质含量的测定

从 1mL 备用的提取液、粗酶液、酶液中分别取 0.2mL、0.4mL、0.5mL，按提取液 50 倍、粗酶液 20 倍、酶液 10 倍进行稀释，分别测定稀释液在 260nm 和 280nm 波长处的吸光值，做好数据记录。按下式计算可溶性蛋白质的含量：

$$c = (1.45 \times A_{280} - 0.74 \times A_{260}) \times D \qquad (7.3.3)$$

$$P_{\text{total}} = c V_{\text{st}} \qquad (7.3.4)$$

式中　　c——蛋白质浓度，mg/mL；

A_{260}，A_{280}——稀释液在 260nm 和 280nm 波长处的吸光值；

D——样品液稀释倍数；

P_{total}——总蛋白的量，mg；

V_{st}——样品液总体积，为实验过程中各 SOD 样品实测体积，mL。

五、注意事项

（1）合理安排邻苯三酚自氧化和 SOD 酶活测定以及 SOD 酶的提取分离同时进行，可以有效节约时间。

（2）观察管是为了更好地认识邻苯三酚自氧化过程中的颜色变化和 SOD 酶加入后的抗氧化效果而设置的。操作顺序可按照邻苯三酚自氧化→SOD 样品（提取液→粗酶液→酶液）顺序进行，在同一样品比色测定的同时进行颜色变化观察；也可以将邻苯三酚自氧化和后续 SOD 样品的观察管同时做，对比观察既可充分认识 SOD 酶的抗氧化效果，也可以在一定程度上认识纯化前后的 SOD 抗氧化效果的差异。建议同时开展实验的不同小组选择不同的方式进行。

六、结果记录及分析讨论

1. 邻苯三酚自氧化及提取所得大蒜 SOD 酶活测定的结果记录及反应速率 k 的计算

具体见表 7.3.3。

表 7.3.3　邻苯三酚自氧化及大蒜 SOD 酶反应速率 k 测定数据记录

t/min	A 邻苯三酚自氧化	A 提取液	A 粗酶液	A 酶液
1.0				
1.5				
2.0				
2.5				
3.0				
3.5				
4.0				
4.5				
5.0				
反应速率方程				
速率 k				
R_0^2				

测定所得数据需采用合适的数据处理软件（如 Excel、Origin 等）处理，所得标准曲线方程、k 值和 R_0^2 记录于表 7.3.3 中。

此外，参照本章实验一结果处理示例附图，将所得结果附图于实验报告中，并对反应速率方程进行评价（精确性、适用性等）。

2. 大蒜 SOD 活力的计算

具体数据记录于表 7.3.4。

表 7.3.4　大蒜 SOD 酶活力测定结果记录

样品	提取液	粗酶液	酶液
样品液总体积 $V_{s\text{-total}}$/mL			
单位体积活力 U/（U/mL）			
总活力 U_{total}/U			

要求：需在实验报告上写清楚表 7.3.4 中的实验结果计算过程。

3. 大蒜 SOD 样品中可溶性蛋白含量测定结果及计算

具体数据记录于表 7.3.5。

表 7.3.5　大蒜 SOD 酶活力测定结果记录

样品	提取液	粗酶液	酶液
初始体积/mL	0.2	0.4	0.5
最终体积/mL			
稀释倍数 D			
A_{260}			
A_{280}			
蛋白质浓度 c/(mg/mL)			
总蛋白 P_{total}/mg			

要求：需在实验报告上写清楚表 7.3.5 中的实验结果计算过程。

4. 大蒜 SOD 酶的比活力、纯化倍数及回收率的计算

具体数据记录于表 7.3.6。

表 7.3.6　大蒜 SOD 酶活力测定结果计算

样品	提取液	粗酶液	酶液
比活力 SA/（U/mg）			
纯化倍数	1		
回收率/%	100		

上述参数计算公式如下：

$$SA = \frac{U_{total}}{P_{total}} \tag{7.3.5}$$

$$纯化倍数 = \frac{SA_{粗酶液/酶液}}{SA_{提取液}} \tag{7.3.6}$$

$$回收率 = \frac{U_{total-粗酶液/酶液}}{U_{total-提取液}} \times 100\% \tag{7.3.7}$$

式中　　SA——比活力，U/mg；

　　　U_{total}——一定体积的酶的总活力，U；

　　　P_{total}——总蛋白的量，mg；

　SA $_{粗提液/酶液}$——粗提液或酶液的比活力，U/mg；

　SA $_{提取液}$——提取液的比活力，U/mg；

$U_{total-粗提液/酶液}$——粗提液或酶液的总活力，U；

　$U_{total-提取液}$——提取液的总活力，U。

要求：需在实验报告上写清楚表 7.3.6 中的实验结果计算过程。

5. 结果分析讨论

（1）根据所学酶工程知识和 SOD 特性，分析实验结果是否合理。

（2）综合生物分离原理，讨论 SOD 酶提取步骤中应注意的关键问题以及导致实验误差的原因。

七、思考题

（1）超氧化物歧化酶的应用有哪些？

（2）综合评价蛋白质或酶的提取分离流程优劣的指标有哪些？

实验四　香菇多糖的提取、纯化及含量测定

一、实验目的

1. 了解香菇多糖的理化性质及水提醇沉提取工艺流程。

2. 掌握硫酸-苯酚法测定多糖含量的基本原理及操作。

二、实验原理

多糖类物质是所有生命有机体的重要组成部分，广泛存在于动物、植物和微生物细胞壁中，其中植物多糖最为重要。香菇中的主要药用成分是香菇多糖，具有提高免疫力、抗癌、降糖等多种生理功能。水溶性多糖作为香菇的主要活性成分之一，主要以 β-1,3-葡聚糖的形式存在，分子量从几万到几十万不等。通过有机溶剂提取，用真空浓缩技术进行分离纯化，并利用苯酚-硫酸法进行含量测定。

三、实验材料、仪器及试剂

1. 实验材料

干香菇，购自附近农贸市场或超市。

2. 实验仪器及耗材

电子天平、组织搅碎机、超声波发生器、恒温水浴锅、离心机、干燥箱、旋转蒸发仪、紫外可见分光光度计、擦镜纸、比色皿、真空抽滤泵、抽滤瓶、布氏漏斗及配套胶塞、橡胶管、烧杯、离心管、量筒、玻璃棒、容量瓶、表面皿、中速定性滤纸、干燥试管、试管架、标签纸、称量纸、称量勺、移液管、移液管架、洗耳球等。

3. 实验试剂及配制方法

（1）氯仿-正丁醇（4∶1）混合液。

（2）80%乙醇。

（3）0.1mg/mL 葡萄糖溶液　称取 105℃干燥至恒重的无水葡萄糖 10mg，加蒸馏水溶解并定容于 100mL 容量瓶中，摇匀即得。

（4）5%苯酚试剂　60～70℃水浴中加热溶解苯酚晶体，称取 5g 100%苯酚液体，用蒸馏水溶解定容至 100mL，摇匀即可。置于棕色瓶中，放于 4℃冰箱保存备用。最好现用现配。

四、实验步骤

1. 香菇粗多糖的提取

（1）粉碎和粗提　以市购香菇为原料，经 105℃恒温干燥箱烘干 2h，精密称取 20g 干香菇，用剪刀或手术刀将其剪或切成小块，组织搅拌机粉碎，以 1∶10（质量比）加入提前预热至 70℃的水，组织捣碎机均质 1min 三次（注意：使用过程中因仪器自我保护，需 30s 左右暂停搅碎一次）；然后将均质液转移到已预热至 60～70℃的超声波发生器（功率 600W 左

右）中，提取 45min（中间超声波停顿 2 次，每次 5min），8 层纱布过滤；将所得滤渣再次加入等体积的预热至 70℃的水，再次提取 30min（中间超声波停顿 2 次，每次 5min），8 层纱布过滤，合并滤液；再将合并的提取液真空抽滤一次，尽量除去残渣，量取所得上清液体积（V_1=＿＿＿mL），备用。

（2）浓缩　将上清液倒入相应圆底烧瓶中，在旋转蒸发仪上进行浓缩，浓缩条件为−0.1MPa、60℃，当浓缩液体积剩余约一半时停止；将浓缩液在 10000r/min 离心 10min，量取所得上清液体积（V_2=＿＿＿mL），备用。

（3）去除杂蛋白　上清液中加入等体积的氯仿-正丁醇（4∶1）混合液，搅拌 5min 后静置 30min；将混合液于 5000r/min 离心 20min，保留水相。

（4）醇沉淀　在水相中加入终浓度为 80%乙醇，搅拌均匀，于 4℃静置 20～30min，于 5000r/min 离心 10min。取出沉淀物，使用丙酮、乙醚分别洗涤、脱水 1 次（多糖易氧化，要求脱水要彻底），放入已称重的干燥表面皿中，在真空干燥箱中于 80℃下真空干燥或常压干燥箱于 105℃干燥至恒重，即得烘干的香菇多糖，称重（m_1）。

2. 硫酸-苯酚法测定香菇多糖含量

（1）葡萄糖标准曲线的绘制——苯酚-硫酸比色法　取 10mL 具塞试管 7 支，编号，分别加入 1.0mg/mL 葡萄糖标准溶液 0.0mL、0.2mL、0.4mL、0.8mL、1.2mL、1.6mL、2.0mL 于干燥试管中，不足 2.0mL 者加水补足 2.0mL。分别添加 5%苯酚溶液 1mL，混合完全，再迅速添加 5mL 浓硫酸混合均匀。静置 5min 后，放入沸水浴中加热 15min，再将其放置到冷水浴中冷却 30min，阻断其继续反应。以葡萄糖空白 0 号管为空白对照，在 490nm 处测定吸光值。每样需平行测定 3 次，取平均值。以葡萄糖浓度为横坐标、吸光度为纵坐标，绘制标准曲线。

（2）香菇多糖的含量测定　取"步骤 1"烘干至恒重所得的香菇多糖，准确称取 0.100g，定容至 100mL，摇匀，以此作为测定香菇多糖的样品液。分别取 2mL 样品液于 3 支试管中，分别加入 5%苯酚溶液 1mL，混合完全。再迅速添加 5mL 浓硫酸混合均匀，在沸水浴保温 15min，然后将其放置到冷水浴中冷却 30min。于 490nm 处测吸光度，求其平均值。根据香菇多糖吸光度和葡萄糖标准曲线，计算多糖溶液浓度及多糖的提取率。

五、注意事项

（1）葡萄糖需于常温干燥箱 105℃下干燥至恒重后配制葡萄糖标准溶液，以减小标准曲线的误差。

（2）香菇多糖易氧化，醇沉淀过程中要求脱水要彻底。

六、结果记录及分析讨论

1. 葡萄糖标准曲线的数据记录、绘制和标准方程

参照本章实验一结果处理示例，设计表格并记录葡萄糖标准曲线的测定结果，绘制标准曲线，并将处理所得的图表（包括标题，横、纵坐标名称及单位）及关键信息记录于实验报告中，并对标准曲线进行评价（精确性、适用性等）。

2. 香菇中多糖含量的测定结果记录及计算

参照本章实验一和实验二结果处理示例，设计表格记录香菇中多糖含量的测定结果，并计算其浓度 c（mg/mL）。

3. 香菇中多糖提取率的计算

$$香菇多糖提取率 = \frac{cVD}{m} \times 100\% \tag{7.4.1}$$

式中　c——由标准曲线算得的多糖浓度，mg/mL；

　　　V——制备所得的香菇多糖的定容体积，mL；

　　　D——稀释倍数；

　　　m——香菇干粉质量，mg。

4. 结果分析与讨论

（1）自行查阅资料，试比较实验测得的香菇多糖提取率是否与理论值一致？

（2）若不符合，试全面分析导致实验结果偏高或偏低的原因。

七、思考题

（1）利用所学知识，分析多糖的去杂和沉淀各步骤相应原理。

（2）举例说明生活中你所接触到的多糖产品及其所属种类和功效。

实验五　离子交换树脂总交换容量的测定

一、实验目的

1. 通过实验，加深对离子交换树脂的重要性能——总交换容量的认识。

2. 熟悉静态法和动态法测定总交换容量的操作方法。

二、实验原理

离子交换树脂是一种高分子聚合物的有机交换剂，具网状结构，在水、酸、碱中难溶，对有机溶剂、氧化剂、还原剂及其他化学试剂具有一定的稳定性，对热也比较稳定。在离子交换树脂网状结构的骨架上，有许多可以与溶液中离子起交换作用的活性基团，例如—SO_3H、—$COOH$、$=NOH$ 等。

离子交换树脂根据其基团的种系分为苯乙烯系树脂和丙烯酸系树脂，树脂中化学活性基团的种系决定了树脂的主要性质和种系。它们可以区分为阳离子树脂和阴离子树脂，可分别与溶液中的阳离子和阴离子进行交换。阳离子交换树脂又分为强酸性和弱酸性，阴离子交换树脂分为强碱性和弱碱性两系。离子交换树脂主要性能参数包括含水量、膨胀度、密度、交换容量、滴定曲线等。交换容量 Q 是表征树脂性能的重要参数，用单位质量干树脂或者单位体积湿树脂所能吸附的一价离子的物质的量（mmol）来表示。

732#（001×7）系强酸性苯乙烯系阳离子交换树脂——一种磺酸化苯乙烯系凝胶型强酸性阳离子交换树脂，不溶于水，不溶于酸和碱的稀释液，适合用于软化剂顺向再生纯化系统。它与碱作用，生成水，为一不可逆反应，故可用静态法测定总交换量：$RH+NaOH \longrightarrow RNa+H_2O$；用标准 HCl 滴定剩余 NaOH 含量来测定总交换容量。

动态法测定是将 732#树脂按称量要求装柱，用盐与树脂上的可交换离子即 H^+ 交换，交换下的 H^+ 用标准 NaOH 滴定，可测定总交换容量。其反应原理为：

$$RH+Na^+ \longrightarrow Rna+H^+ \qquad H^++OH^- \longrightarrow H_2O$$

本实验采用静态法和动态法测定 732#树脂的总交换容量。

三、实验材料、仪器及试剂

1. 实验材料

阳离子交换树脂 732#（H 型）：500g。

2. 实验仪器及耗材

电子天平、电热恒温水浴锅、高速离心机、4℃冰箱、干燥箱、真空抽滤泵、抽滤瓶、布氏漏斗、配套胶塞、微量流量计、滴定管架及配件、烧杯、pH 试纸（pH 范围 1～14、pH 范围 5.4～7.0）、中性定性滤纸、标签纸、称量纸、称量勺、锥形瓶、量筒、移液管、移液管架、砂芯具塞交换柱、玻璃棉、容量瓶、玻璃棒等。

3. 实验试剂及配制方法

（1）饱和食盐水   通常在室温下 100g 水可溶解 36.5g 左右食盐，它随温度的变化影响不明显。过夜放置，取上清液即可。

（2）2%～4%NaOH   称取 NaOH 2～4g，以蒸馏水稀释到 100mL。

（3）5% HCl   取浓盐酸 139mL，再加蒸馏水稀释到 1000mL。

（4）0.1mol/L NaOH 标准溶液   称取 NaOH 4g，以蒸馏水稀释到 1000mL。

标定：分别精确称取预先在 105～110℃烘箱烘至恒重的邻苯二甲酸氢钾 0.5100g（精确至 0.0001g）于 2 只锥形瓶中，加蒸馏水 70mL 溶解，加酚酞指示剂 2～3 滴，以配好的 NaOH 溶液滴定至出现粉红色为滴定终点，记下消耗的 NaOH 溶液体积 V_{NaOH}（mL），按公式（7.5.1）计算 NaOH 的浓度 c_{NaOH}：

$$c_{NaOH} = \frac{\dfrac{m}{M_r} \times 1000}{V_{NaOH}} \qquad (7.5.1)$$

式中 c_{NaOH}——NaOH 溶液的浓度，mol/L；

V_{NaOH}——消耗的 NaOH 溶液的体积，mL；

m——称取邻苯二甲酸氢钾的质量，g；

M_r——邻苯二甲酸氢钾的分子量，204.2。

（5）0.1mol/L HCl 标准溶液   量取 8.5mL 浓盐酸，加入 1000mL 容量瓶中，加水稀释至刻度，摇匀。

标定：分别吸取上述已标定好的 NaOH 标准溶液 10mL 于 2 只锥形瓶中，加甲基橙指示剂 2～3 滴，用已配好的 HCl 溶液滴定至出现橙红色为滴定终点，记下消耗的 HCl 溶液体积 V_{HCl}（mL），按公式（7.5.2）计算浓度：

$$c_{HCl} = \frac{10 \times c_{NaOH}}{V_{HCl}} \qquad (7.5.2)$$

式中 c_{NaOH}——标准 NaOH 溶液的浓度，mol/L。

（6）0.5mol/L Na$_2$SO$_4$ 溶液   称取无水 Na$_2$SO$_4$ 71.03g，以蒸馏水稀释到 1000mL（强酸强碱盐显中性）。

（7）0.1%甲基橙指示剂   0.1g 甲基橙溶于 100mL 蒸馏水中，摇匀即可。pH 变色范围 3.1（红）～4.4（黄）。

（8）0.2%酚酞乙醇指示剂   取 0.2g 酚酞，用 95%乙醇溶解，并稀释至 100mL。pH 变色范围：8.2（无色）～9.8（红色）。

四、实验步骤

1. 树脂的预处理

首先使用饱和食盐水，取其量约等于被处理树脂体积的 2 倍，将树脂置于食盐溶液中浸泡 18～20h；然后放尽食盐水，用清水漂洗净，使排出水不带黄色。

其次用 2%～4%NaOH 溶液，其量与上相同，在其中浸泡 2～4h（或小流量清洗）；放尽碱液后，冲洗树脂直至排出水接近中性为止。

最后用 5% HCl 溶液，其量亦与上述相同，浸泡 4～8h，放尽酸液，用清水漂流至中性待用。

2. 树脂含水量的测定

取事先处理至中性的 732#树脂，以真空抽滤抽干后精确称取 2.00g，于 105℃下烘干至恒重，按公式（7.5.3）计算含水量：

$$W = \frac{m_1 - m_2}{m_1} \times 100\% \tag{7.5.3}$$

式中　W——树脂含水量，%；

m_1——烘前树脂质量，g；

m_2——烘后树脂质量，g。

3. 静态法测定总交换容量

取事先处理至中性的 732#树脂，真空抽滤抽干后精确称取 2g（G_1=＿＿＿），放入 250mL锥形瓶中，用吸管吸取 100mL 0.1mol/L 的 NaOH 标准溶液，加入树脂中放置 24h，要求树脂需全部浸入溶液中。

用移液管取出上述浸泡 24h 树脂后的 0.1mol/L NaOH 溶液 25mL 放入 250mL 锥形瓶中，加入 2～3 滴甲基橙作指示剂，用 0.1mol/L HCl 标准溶液滴定至溶液由黄色变为红色为滴定终点，平行测定三份取平均值，并按公式（7.5.4）计算静态总交换容量。

$$静态总交换容量（mmol/g干树脂）= \frac{100c_{NaOH} - 4c_{HCl}V_{HCl}}{G_1(1-W)} \tag{7.5.4}$$

式中　c_{NaOH}——NaOH 标准溶液的浓度，mol/L；

c_{HCl}——HCl 标准溶液的浓度，mol/L；

V_{HCl}——HCl 标准溶液的用量，mL；

G_1——抽干树脂质量，g；

W——树脂含水量，%。

4. 动态法测定总交换容量（图 7.5.1）

（1）装柱　取事先处理至中性的 732#树脂，真空抽滤抽干后精确称取 10g（G_2=＿＿＿），加水后湿法装柱（防止混入气泡）。在装柱及之后的过程中，必须使树脂层始终浸泡在液面下约 1cm 处；水洗树脂至中性，放出多余的水。为防止之后加试液时树脂被冲起，在树脂上面铺一层玻璃棉。

（2）流量控制　用微量流量泵（流量范围 0.0059～20.12mL/min）调节 0.5mol/L Na_2SO_4 流量为 2mL/min。首先通过调节操作界面的▲或▼键调节转速至 12～18r/min（范围 0.1～100r/min，分辨率 0.1r/min），测定流出液的流出速度使其接近 2mL/min，再通过微调蓝色棘轮调节压管间隙使其尽量在 2mL/min。

（3）动态交换　从第 0min 开始检查流出液的 pH，此后每 5min 测定 pH 一次，并做好记录，直至流出液 pH 与加入的 Na_2SO_4 液 pH 相同，即约流过 100mL Na_2SO_4（约 50min）后，停止色谱交换。将收集液稀释定容至 250mL，摇匀。用移液管移取 25.00mL 流出液于 250mL 锥形瓶，加 2～3 滴酚酞，用 0.1mol/L NaOH 标准溶液滴定至微红色半分钟不褪色，平行测定三份取平均值，并按公式（7.5.5）计算动态总交换容量。

$$动态总交换容量（mmol/g干树脂）= \frac{10c_{NaOH}V_{NaOH}}{G_2(1-W)} \tag{7.5.5}$$

式中　c_{NaOH}——NaOH 标准溶液的浓度，mol/L；

　　　V_{NaOH}——NaOH 标准溶液的用量，mL；

　　　G_2——抽干树脂质量，g；

　　　W——树脂含水量，%。

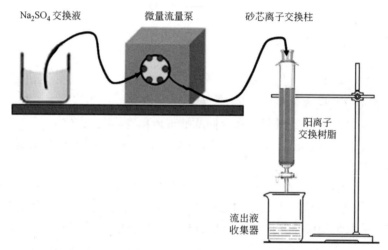

图 7.5.1　动态法离子交换流程图

五、注意事项

（1）静态法测定时，不要将树脂吸入锥形瓶中。

（2）湿法装柱时，树脂不能漏掉，可以用蒸馏水冲洗完全，保证下一步中洗脱数据的正确性。

（3）动态法过程中树脂上层的液体不能流干，柱中不能产生气泡，保证柱子在洗脱时的流畅性和完全性。

（4）滴定所用锥形瓶要用去离子水冲洗干净，不能有离子，以免影响滴定结果。

（5）洗脱过程中保持流速为 2mL/min，不可过快，不然洗脱不完全，实验数据存在误差。

六、结果记录及分析讨论

1. 实验数据记录

见表 7.5.1。

表 7.5.1 离子交换树脂总交换容量实验数据记录表

静态法	动态法
第一次 HCl 滴定用量/mL	第一次 NaOH 滴定用量/mL
第二次 HCl 滴定用量/mL	第二次 NaOH 滴定用量/mL
第三次 HCl 滴定用量/mL	第三次 NaOH 滴定用量/mL
平均滴定用量 V_1/mL	平均滴定用量 V_2/mL
湿树脂质量 G_1/g	树脂质量 G_2/g
树脂含水量 W/%	树脂含水量 W/%
HCl 的浓度 c_{HCl}/(mol/L)	
NaOH 的浓度 c_{NaOH}/(mol/L)	NaOH 的浓度 c_{NaOH}/(mol/L)

2. 树脂含水量的测定原始数据记录及计算
3. 静态法总交换容量的计算（需写清楚计算过程）
4. 动态法交换过程中流出液 pH 变化及总交换容量的计算
（1）动态交换过程中流出液 pH 监控结果记录　见表 7.5.2。

表 7.5.2 动态交换过程中流出液 pH 记录表

时间/min	0	5	10	15	20	25	30	35	40	45	50
pH											

（2）动态法总交换容量的计算（需写清楚计算过程）。
5. 结果分析与讨论
对比静态法总交换容量和动态法总交换容量的测定结果以及该树脂商品的交换容量理论值，分析导致该实验结果差异的原因。

七、思考题

（1）什么是离子交换树脂的总交换容量？说明静态法和动态法总交换容量计算公式的原理。
（2）为什么树脂层不能存留有气泡？若有气泡应如何处理？
（3）怎样装柱？应分别注意什么问题？

附：树脂预处理工作安排

本实验需要提前安排同学配制实验用试剂，并进行树脂的预处理。
第一次：树脂的预处理（1），首先使用饱和食盐水，取其量约等于被处理树脂体积的 2 倍，将树脂置于食盐溶液中浸泡 18～20h。
时间安排：　实验前 3 天 10:00～14:00
预处理人员安排：＿＿＿＿＿＿＿＿＿＿＿＿＿＿　完成时间：＿＿＿＿＿＿＿＿＿＿＿
第二次：树脂的预处理（2），然后放尽食盐水，用清水漂洗净，使排出水不带黄色；其次再用 2%～4%NaOH 溶液，其量与上相同，在其中浸泡 2～4h（或小流量清洗）。

时间安排：<u>实验前 2 天 12:30～13:30</u>

预处理人员安排：_____完成时间：_____

第三次：树脂的预处理（3），放尽碱液后，冲洗树脂直至排出水接近中性为止；最后用 5% HCl 溶液，其量亦与上述相同，浸泡 4～8h。

时间安排：<u>实验前 2 天 16:00～19:00</u>

预处理人员安排：_____完成时间：_____

第四次：事情较繁琐，请各位同学注意：

（1）树脂的预处理（4） 放尽酸液，用清水漂流至中性待用。

（2）树脂含水量的测定 精确称取事先处理至中性的 732#树脂，真空抽滤抽干后精确称取 2.00g 左右（需详细记录质量 m_1），放置于 105℃下烘箱烘干 18～20h 至恒重（注意：如 1 批 6 组，需 6 份，做好编号，如 1 班 1 批-1 组）。正式实验时按顺序分发给各小组自行称量记录 m_2。

（3）静态法测定总交换容量（1） 精确称取事先处理好并抽干的 732#阳树脂 2.00g（需详细记录质量 G_1），放入编好号（如 1 班 1 批-1 组）的 250mL 锥形瓶中，用量筒准确量取 100mL 0.1mol/L NaOH 标准溶液，加入称重好的树脂中，并将树脂全部浸入溶液中，放置 24h（注意：如 1 批 6 组，需 6 份，做好编号，如 1 班 1 批-1 组）。正式实验时按顺序分发给各小组进行后续实验。

（4）树脂的预处理（4） 剩余已经清水漂流至中性的 732#阳树脂继续用清水浸泡至实验开始时湿法装柱用。

时间安排：<u>实验前 1 天 10:00～11:00</u>

预处理人员安排：_____完成时间：_____

后续内容为实验正式（8:30）内容。

实验六 离子交换柱色谱分离混合氨基酸

一、实验目的

1. 学习离子交换树脂色谱分离的工作原理及操作技术（预处理、装柱、洗脱、收集样品）。
2. 掌握离子交换柱色谱分离的基本操作。
3. 掌握氨基酸和茚三酮显色原理。

二、实验原理

离子交换树脂是一种合成的高分子聚合物，不溶于水，能吸水膨胀。高分子聚合物由能电离的极性基团及非极性的树脂组成。极性基团上的离子能与溶液中的离子起交换作用，而非极性的树脂本身的物理性质不变。通常离子交换树脂可以按照所带的基团分为强酸、弱酸、强碱和弱碱型。离子交换树脂分离小分子物质（如氨基酸、腺苷、腺苷酸）是比较理想的。而生物大分子物质（如蛋白质）不能扩散到树脂的链状结构中，故对于它们的分离是不太适用的，因此分离生物大分子可选用以多糖聚合物如纤维素、葡聚糖等为载体的离子交换剂。

离子交换树脂分离混合氨基酸是基于氨基酸电荷行为不同来进行的，如图 7.6.1 所示。氨基酸是两性电解质，分子上所带的净电荷取决于氨基酸的等电点（pI）和溶液的 pH 值。其中，酸性氨基酸天冬氨酸（Asp）pI 为 2.97、谷氨酸（Glu）pI 为 3.22；中性氨基酸苯丙氨酸（Phe） pI 为 5.48；碱性氨基酸赖氨酸（Lys）pI 为 9.74。在 pH 5.3 条件下，因为 pH 值低于 Lys 的 pI 值，Lys 可解离成阳离子带正电荷，与树脂结合较紧洗脱最慢；Asp、Glu 可解离成阴离子带负电荷，不与树脂结合而首先被洗脱下流出色谱柱；Phe 带正电荷较少，与树脂结合介于前两者之间，所以在前两者之间被洗脱下来。在 pH 12 条件下，pH 值高于 Lys 的 pI 值，Lys 可解离成阴离子带负电荷，不与树脂结合而被洗脱下来。这样通过改变洗脱液的 pH 值，可使它们被分别洗脱而达到分离的目的。本实验用磺酸阳离子交换树脂分离混合氨基酸溶液，洗脱下来的氨基酸与茚三酮反应显色，通过比色读取吸光度，绘制洗脱曲线。

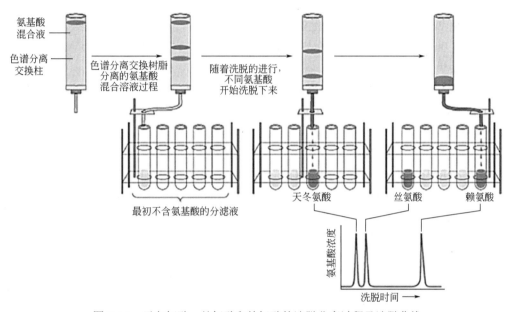

图 7.6.1　天冬氨酸、丝氨酸和赖氨酸的洗脱分离过程及洗脱曲线

三、实验材料、仪器及试剂

1. 实验材料

（1）强酸性阳离子交换树脂 732#（H 型）　500g。

（2）混合氨基酸溶液　先将 2mg/mL 天冬氨酸、2mg/mL 赖氨酸按 1∶2.5 的比例混合，混合后再以 1∶1 的比例用 0.1mol/L HCl 溶液稀释。

2. 实验仪器及耗材

色谱柱（1.6cm×20cm）、试管和试管架、铁架台、MA99-3 新款-x 自动核酸蛋白分离色谱仪、部分收集器、分光光度计、电子天平、移液管、恒温水浴锅、刻度试管、玻璃棒、吸管、烧杯、量筒、容量瓶、标签纸等。

3. 实验试剂及配制方法

（1）0.01mol/L、1mol/L、2mol/L NaOH　分别称取 NaOH 0.4g、40g、80g，用蒸馏水稀释到 1000mL。

（2）0.1mol/L、2mol/L HCl 溶液　分别量取 8.5mL、170mL 浓盐酸，加入 1000mL 容量瓶中，加水稀释至刻度，摇匀。

（3）0.45mol/L pH 5.3 的柠檬酸缓冲液　称取柠檬酸 57g，用适量蒸馏水溶解，加入 NaOH 37.2g、21mL 浓盐酸，混匀，用蒸馏水稀释定容至 2 000mL。做色谱分离洗脱液用。

（4）0.5%茚三酮溶液 称取茚三酮 0.5g，用 95%乙醇溶解定容至 100mL。

（5）0.1% $CuSO_4$ 溶液 称取无水 $CuSO_4$ 0.1g，用 95%乙醇溶解定容至 100mL。

四、实验步骤

1. 树脂的预处理

（1）干树脂用蒸馏水浸泡、充分溶胀约 24h，搅拌并倾去细小颗粒，浮选得到颗粒大小合适的树脂。

（2）树脂用 4 倍量的 2mol/L HCl 溶液浸泡 1h，倾去酸液，用蒸馏水洗至中性。

（3）再用 2mol/L NaOH 溶液同上处理，如此反复轮洗，直至溶液无黄色为止。

（4）以 1.0mol/L NaOH 溶液浸泡树脂 1h，转化为钠型，要求树脂全部浸入溶液中，并用蒸馏水洗至中性。

（5）最后用下一步洗脱用的 0.45mol/L pH 5.3 的柠檬酸缓冲液浸泡。过剩的树脂浸入 1.0mol/L NaOH 溶液中保存，以防细菌生长。

2. 装柱

取色谱柱（约 1.6cm×20cm）一支，垂直固定在铁架台上（实验前需进行检漏），关闭出口，在柱内加入 2～3cm 高的柠檬酸缓冲液。将搅拌成悬浮状的树脂沿柱内壁缓慢倒入，待树脂在柱底部逐渐沉降时，慢慢打开柱底出口旋钮，继续加入树脂直至树脂沉积至色谱柱高度的 3/4 处。装柱要求连续、均匀、无纹格、无气泡，表面平整，且色谱柱内溶液的液面不得低于树脂表面，否则要重新装柱。

3. 平衡

色谱柱装好后，再缓慢沿管壁加入适量缓冲液至树脂床面以上 2～3cm 处，接上恒流泵，调节好流量开关，使柠檬酸缓冲液以 0.5mL/min 的流速进行平衡，直至流出液的 pH 与柠檬酸洗脱缓冲液的 pH 相同（需 2～3 倍柱床体积）。

4. 加样

关闭恒流泵，打开色谱柱上端管口，缓慢打开柱底出口，小心放出色谱柱内的柠檬酸缓冲液，待柱内凹液面恰好平齐（约高 1～2mm）树脂表面时立即关闭下端出口（注意：不可使液面下降至树脂表面以下）。

用移液枪吸取氨基酸混合样品 0.5mL，沿靠近树脂表面的管壁四周缓慢加入，注意加样时不要冲破树脂表面，且避免将样品全部加在某一局限部位。

加样后慢慢打开柱底出口，使液面尽可能缓慢降至与树脂表面相平处关闭，立即关闭柱底出口。再用移液管吸取 0.5mL 柠檬酸缓冲液小心地冲洗柱内壁，打开柱底出口，使液面尽可能缓慢降至与树脂表面相平处关闭，按照此法清洗 2～3 次。然后再小心加入柠檬酸缓冲液至离色谱柱顶部 1cm 为止，并将色谱柱接上恒流泵和部分收集器。

5. 洗脱及洗脱液收集

（1）0.45mol/L pH 5.3 的柠檬酸缓冲液洗脱 打开柱底出口进行洗脱，以 10 滴/min 的流速收集洗脱液，用部分收集器收集洗脱液，每管 1.5mL，共收集至 1～10 号管。

（2）0.01mol/L pH 12 的 NaOH 溶液洗脱 关闭恒流泵和柱底出口旋钮，将柠檬酸缓冲液更换为 0.01mol/L pH 12 的 NaOH 溶液，打开柱底出口进行洗脱，同法收集于 11～40 号管。

收集完毕后，关闭柱底出口和恒流泵。

6. 显色测定

将收集的 40 管收集液，每管加入 1mL 茚三酮显色剂，混合后沸水浴 5min，各管再加 0.1% $CuSO_4$ 溶液 3mL，混匀。以平衡液为空白管校零，在分光光度计 570nm 处测定各管吸光度。以洗脱液累计体积（每管 1.5mL，故 1.5mL 为一个单位）为横坐标、吸光度为纵坐标，绘制洗脱曲线。

7. 树脂再生

色谱柱使用几次后，需将树脂取出用 1.0mol/L NaOH 溶液洗涤，再用蒸馏水洗至中性后可反复使用。

五、注意事项

（1）在配制柠檬酸缓冲液时，需要加入 0.1%酚溶液以防止长霉。在室温较高的夏季，配制缓冲液用的蒸馏水必须是新鲜蒸馏水，配前煮沸，配好后在 4℃保存。

（2）要注意装柱过程的连续性，装好的色谱柱应均匀，防止产生气泡、节痕或界面，否则会对实验有较大的影响，如有气泡必须重新装柱，树脂颗粒不能出现在色谱柱管口，以免漏气。

（3）平衡过程中，调节流速前要排除恒流泵与柱间连接管内所有气泡，以免影响流速，进而影响实验结果。调节流速时统一将流速调节为 10 滴/min，平衡时间一般为 15min。

（4）加样时，样品体积不要过大，样品的含量不能超过色谱柱中离子交换能力，否则影响分离效果。

（5）洗脱时，在整个实验过程中要多注意色谱柱，避免使柱内液体流干，否则实验即为失败，并且一定要让出液口对准试管，留心观察，有些仪器有偏差。

（6）树脂可再生使用，使用完毕一定要放在指定的容器中。

六、结果记录及分析讨论

1. 实验结果记录

记录实验所得 1～40 号管洗脱液的体积、茚三酮比色测定结果，绘制洗脱曲线。根据氨基酸的解离性质，分析在本实验条件下氨基酸从色谱柱上洗脱下来的顺序。

2. 结果分析与讨论

试查阅文献或资料，分析本实验色谱分离氨基酸是否成功？若不成功，试分析导致实验误差的原因。

七、思考题

（1）为什么混合氨基酸从磺酸阳离子交换树脂上可以逐个洗脱下来？

（2）认真思考新树脂的预处理过程：蒸馏水浸泡→2mol/L HCl 浸泡→2mol/L NaOH 溶液处理→1.0mol/L NaOH 溶液浸泡→蒸馏水洗至中性，请分析这样处理的原因。

（3）树脂如何处理才能重复使用和长期保存？

（4）本实验色谱柱中加入树脂至色谱柱高度的 3/4 处，思考树脂过高或过低对实验结果有何影响？试分析原因。

实验七　PEG/硫酸盐双水相系统相图制作

一、实验目的

1. 了解双水相系统成相的原理和方法。
2. 学习用浊点法制作双水相相图的方法，加深对相图理论的认识。
3. 掌握双水相成相的条件和原理。

二、实验原理

双水相是指由两种互不相溶的聚合物[如聚乙二醇（PEG）与葡聚糖（Dextran）、聚丙二醇与PEG、甲基纤维素与葡聚糖等]或者互不相溶的无机盐和聚合物的混合溶液[如PEG与硫酸铵、PEG与磷酸铵、PEG与硫酸钠等]之间在水中以一定的浓度混合而形成的互不相溶的两相。双水相系统的制备一般是将两种溶质分别配制成一定浓度的水溶液，然后将两种溶液按照不同的比例混合，静置一段时间，当两种溶质的浓度超过某一浓度范围时，就会产生两相。相图是研究两相萃取的基础。

两水相形成的条件和定量关系可用相图来表示（见图 7.7.1），它是一根双结点线，曲线TKB称为双节线（binodal curve），是相图的重要特征，关系到相的平衡组成。在PEG/硫酸盐双水相系统中，上相中富含PEG，下相中富含硫酸盐。双水相系统的上下相分别有不同的组成密度，轻相（或称上相）组成用 T 点表示，重相（或称下相）组成用 B 点表示，T、B 点称为节点。当成相组分的配比取在 TKB 曲线：①下方时，系统为均匀的单相，混合后，溶液澄清透明，称为均相区；②上方时，体系就会分成两相，称为两相区；③TKB 曲线上时，则混合后，溶液恰好从澄清变为浑浊。

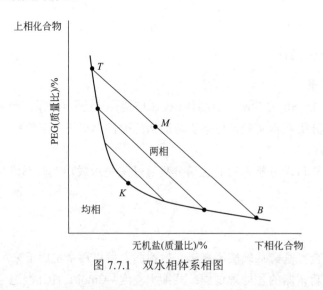

图 7.7.1　双水相体系相图

连接双结点线上两点的直线称为系线（tie line，TMB），在系线上各点处系统的总浓度不同（系统组成不同），但均分成组成相同而体积不同的两相，其上、下相组成均分别为 T、B，但是其体积比即相比 R（$R=V_{T/上}/V_{B/下}$）不同。上、下相体积比可由相图上线段长度比（BM/MT）估算，近似服从杠杆规则。随着整个相系浓度的增大，系线变得越长，即上、下相的组成差别越大。在PEG/硫酸盐双水相系统中，此时上相中所含的PEG越多而硫酸盐越少，反之下相中则含有更多的硫酸盐和更少的 PEG，因此，上、下相的物理化学性质（如密度、黏度）的差别也越来越大。

本实验选用 PEG-硫酸盐为双水相系统，以点浊法绘制相图。

三、实验材料、仪器和试剂

1. 实验仪器及耗材

天平、恒温水浴锅、三角瓶、巴氏滴管、移液管、洗耳球、铁架台、酸碱两用聚四氟乙烯滴定管、1mL 移液枪 4 支、蓝色枪头 2 袋。

2. 实验试剂及配制方法

（1）50%聚乙二醇 1000（PEG1000） 称取 PEG1000 500g，以蒸馏水溶解，搅拌均匀后定容至 1000mL。若出现溶解困难，可用适当温度的水浴适当加热以帮助溶解。

（2）50%聚乙二醇 2000（PEG2000） 称取 PEG2000 500g，以蒸馏水溶解，搅拌均匀后定容至 1000mL。若出现溶解困难，处理方法同上。

（3）40%硫酸铵[(NH$_4$)$_2$SO$_4$]溶液 称取硫酸铵 400g，以蒸馏水溶解，搅拌均匀后定容至 1000mL。若出现溶解困难，处理方法同上。

四、实验步骤

1. 取 50% PEG1000 溶液 10mL 置于三角瓶中。

2. 用 40%硫酸铵溶液装入滴定管中滴定至三角瓶中的 PEG1000 溶液恰好浑浊，记录硫酸铵消耗的体积。加入 1mL 水使溶液澄清，继续用硫酸铵滴定至恰好浑浊（如图 7.7.2 所示），重复 10～15 次，记录每次硫酸铵消耗的体积，计算每次出现浑浊时体系中 PEG 和硫酸铵的浓度，并填入表 7.7.1 中。

图 7.7.2 澄清和恰好浑浊示意图

3. 取 50% PEG2000 溶液 10mL 于三角瓶中，重复上述操作步骤 2，并将所得数据填入表（需自行根据表 7.7.1 设计）中。

4. 以硫酸铵浓度（%）为横坐标、PEG1000 或 PEG2000 浓度（%）为纵坐标，绘制出 PEG-硫酸铵双水相体系的双节线相图。

五、注意事项

（1）尽量使用干燥洁净的试管。

（2）滴定和加水过程尽量避免液体溅到试管壁上。

（3）开始滴定时，必须缓慢滴加硫酸铵溶液，若滴下硫酸铵溶液后，溶液出现浑浊，但振荡后又恢复澄清，说明已接近浊点，之后要缓慢逐滴滴加硫酸铵溶液。当浑浊出现再振摇 15s 内不再恢复澄清时方可加入 1mL 水继续下一步试验。澄清和恰好浑浊的判断在整个过程中应保持一致。

（4）为了更好地开展试验，可以准备 3 瓶 PEG 溶液，第 1 瓶用于预实验，第 2、3 瓶用于进行正式试验。每瓶所得数据单独做相图，选用最佳结果写入实验报告。

六、结果记录及分析讨论

1. PEG1000-硫酸铵双水相体系相图结果记录及数据处理

见表 7.7.1。

表 7.7.1　PEG1000/(NH₄)₂SO₄ 体系双水相相图制作表

（m_{PEG}=＿＿g，温度 T=＿＿℃）

编号	H₂O 累计添加量/mL	硫酸铵溶液消耗体积/mL	三角瓶中			
			纯硫酸铵累积量/g	溶液总体积/mL	硫酸铵浓度/%	PEG 浓度/%
0						
1						
2						
3						
4						
5						
6						
7						
8						
9						
…						
13						
14						
15						

2. PEG2000-硫酸铵双水相体系相图结果记录及数据处理

根据表 7.7.1，自行设计 PEG2000/(NH₄)₂SO₄ 体系双水相相图制作表。

3. 以硫酸铵浓度（%）为横坐标、PEG 浓度（%）为纵坐标，分别绘制 PEG1000 或 PEG2000/(NH₄)₂SO₄ 双水相体系的双节线相图，将所绘制的相图贴于实验报告上；并在图中注明主要信息，解释不同相区的特点。

4. 结果分析与讨论

（1）试查阅文献或资料，分析本实验相图制作是否成功。

（2）若不成功，试分析导致实验误差的原因。

七、思考题

（1）本实验 PEG/(NH₄)₂SO₄ 双水相系统中的上相和下相分别富含哪种物质？

（2）比较 PEG1000/(NH₄)₂SO₄ 和 PEG2000/(NH₄)₂SO₄ 双水相相图，有什么不同？实验操作中应注意哪些操作细节以减小实验误差？

（3）本实验选用浊点法绘制相图，除此之外，还有哪些方法可用于相图的制作？

实验八　PEG/(NH₄)₂SO₄ 系统中蛋白质分配系数测定

一、实验目的

1. 掌握双水相系统的配制与双水相萃取操作。

2. 了解蛋白质在双水相系统中分配系数的测定方法。

二、实验原理

高聚物与无机盐，如 PEG 与硫酸盐，在水中会形成两个相，这是由于盐析作用。两种亲水性高聚物在水中会形成两个相，这是由于聚合物与化合物间的不相容性。但是只有达到一定的浓度时，才能形成两相。两水相形成的定量关系可用相图来表示。两水相系统的优点有：①生物大分子活性物质（蛋白质）不易受到破坏；②两相中水分占很大比例；③两水相的相间张力小，相分离过程温和；④两水相之间的传质过程和平衡过程快速，可以实现快速分离；⑤易于放大。

在双水相系统中，生物大分子物质与成相组分之间由于表面性质、电荷作用和各种力（如疏水键、氢键和离子键等）的相互作用而不同程度地分配在两相中。利用溶质在两相间的分配系数 K 的差异进行萃取的方法即为双水相萃取。双水相萃取受许多因素影响，如高分子聚合物种类、分子量、无机盐种类及组成、pH 等。

$$K = \frac{c_T}{c_B} \tag{7.8.1}$$

$$R = \frac{V_T}{V_B}$$

式中，K 为分配系数；c_T、c_B 分别为平衡状态上、下相的分离物质的浓度；R 为相比；V_T 和 V_B 分别为平衡状态上、下相的体积。

本实验以本章实验七所得的 PEG/$(NH_4)_2SO_4$ 相图为依据，选取合适的双水相体系，萃取牛奶或酶蛋白（如糖化酶）溶液中的蛋白质，用考马斯亮蓝比色法测定两相中的蛋白质含量，求相比 R 和分配系数 K。

三、实验材料、仪器和试剂

1. 实验材料

（1）市售牛奶。

（2）糖化酶（2×10^4 U/mL 左右），使用前用去离子水稀释 20 倍。

（3）其他酶蛋白，用前去离子水稀释 20 倍，最终蛋白含量约 10mg/mL。

2. 实验仪器及耗材

电子天平、台式离心机、紫外可见分光光度计、刻度试管、10mL 离心管、50mL 容量瓶、三角瓶、吸管、洗耳球、移液管、量筒、比色皿、擦镜纸等。

3. 实验试剂及配制方法

（1）50% PEG1000　配制方法同本章实验七。

（2）50% PEG2000　配制方法同本章实验七。

（3）固体$(NH_4)_2SO_4$。

（4）标准 100μg/mL 牛血清白蛋白溶液　准确称取牛血清白蛋白（BR）0.1g，用 0.9%氯化钠溶液溶解并稀释至 1000mL。

（5）0.01%考马斯亮蓝 G-250 染液　称取 0.1g 考马斯亮蓝 G-250 溶于 50mL 95%乙醇中，

再加入 100mL 85%浓磷酸，然后加蒸馏水定容至 1000mL。

四、实验步骤

1. 考马斯亮蓝比色法测定蛋白质标准曲线的制作

按表 7.8.1 加入试剂，充分摇匀，室温放置 3min。以 0 号空白管为参比，于 595nm 处测定吸光度。以标准蛋白液浓度为横坐标、吸光度为纵坐标，绘制标准曲线。

表 7.8.1　考马斯亮蓝法测定蛋白质标准曲线试剂添加量

编　　号	0	1	2	3	4	5	6
100 μg/mL 标准蛋白液/mL	0.0	0.1	0.2	0.4	0.6	0.8	1.0
0.9%氯化钠溶液/mL	1.0	0.9	0.8	0.6	0.4	0.2	0
考马斯亮蓝染液/mL	4.0	4.0	4.0	4.0	4.0	4.0	4.0
蛋白质浓度/(μg/mL)	0	10	20	40	60	80	100
反应	充分混匀，室温反应 3min，595nm 处测吸光度（A_{595}）						

注：考马斯亮蓝染色能力强，比色皿一定要洗干净，比色皿可以选用玻璃比色皿。

2. 双水相体系萃取比例的选择

根据本章实验七所绘制的 PEG 1000/$(NH_4)_2SO_4$ 或 PEG2000/$(NH_4)_2SO_4$ 相图，连接首尾两点绘制系线 TMB，在 TMB 上或其上方区域合适位置各选取 M 点 3 个（M_1、M_2、M_3 或 M_4、M_5、M_6）。

选取原则：位于两相区，距离 TKB 节线距离较远，分布相对分散，且后续较易配制该体系[可先选纵坐标 PEG 含量（%，w/V）如 35%、30%、25%，再确定相应横坐标硫酸铵的值及添加量]。

计算 10mL 体系中配制该双水相所需添加的 50%PEG 的体积和固体$(NH_4)_2SO_4$用量，填入表 7.8.2。

3. 蛋白质在两相中的分配

（1）根据表 7.8.2 选取 M 点成相比例，在 10mL 蓝盖螺旋离心管中加入 50% PEG 溶液 VmL，加入 mg 固体$(NH_4)_2SO_4$。也可用相应质量的固体 PEG 代替 50% PEG 溶液（VmL）。

（2）在该离心管中继续加入 0.5mL 牛奶（或者酶蛋白溶液 2mL），添加蒸馏水补足其总体积为 10mL。旋紧离心管盖，用力混匀振荡 3～5min，使固体$(NH_4)_2SO_4$完全溶解，并使两相充分混合，以便蛋白质在两相中的分配达到平衡。

（3）静置 30min 或以上待其分层；分别读出总体积及上、下相的体积并记录，求相比 R。

（4）用考马斯亮蓝法分别测定同一管上、下两相中的蛋白质浓度，按式（7.8.1）计算蛋白质在该两相中的分配系数 K。

4. 分配后两相样品中蛋白质浓度的测定

（1）取上相溶液 0.5mL 于容量瓶中，用去离子水稀释定容到 50mL。取 1.0mL 稀释液于试管中，以 0 号空白管为参比，按与制作标准曲线相同的方法加入考马斯亮蓝染液，于 595nm 处测定吸光度。样品重复测定至少 3 次。

（2）取下相溶液 0.1mL 于试管中，加去离子水 0.9mL，然后按相同方法操作测定吸光度。样品重复测定至少 3 次。

（3）由"1. 考马斯亮蓝比色法测定蛋白质标准曲线的制作"所得的标准曲线方程和蛋白质含量测定预处理的稀释倍数，计算出上、下两相中蛋白质的浓度 $c(\mu g/mL)$。

本部分的蛋白质含量测定也可参照本章实验一介绍的双缩脲法进行。

五、注意事项

（1）以考马斯亮蓝比色法测定蛋白质精确度高，操作和加样需准确，才能保证精度。

（2）以 $PEG/(NH_4)_2SO_4$ 双水相萃取蛋白质的两相点的选择最好位于同一 TMB 系线上，分布相对分散的同时不宜太靠近 T 点和 B 点。

（3）本实验结果与本章实验七所得相图的准确性密切相关。本章实验七所得相图越准确，本实验蛋白质在两相中的分配越易成功。

六、结果记录及分析讨论

1. 考马斯亮蓝比色法测定蛋白质标准曲线的数据记录、绘制和标准方程

参照本章实验一结果处理示例，设计表格记录考马斯亮蓝比色法测定蛋白质标准曲线的测定结果，绘制标准曲线，并将处理所得的图表（包括标题，横、纵坐标名称及单位）及关键信息记录于实验报告中，同时对标准曲线进行评价（精确性、适用性等）。

2. $PEG/(NH_4)_2SO_4$ 双水相萃取糖化酶两相点的选取

实验数据记录于表 7.8.2。

表 7.8.2　双水相萃取 M 点坐标及组成

编号	横坐标 x	纵坐标 y	50%PEG 溶液添加量/mL	固体硫酸铵质量/g	待分离物质/mL	加水补足/mL
（1）PEG1000/硫酸铵双水相体系						
M_1						
M_2						10
M_3						
（2）PEG2000/硫酸铵双水相体系						
M_4						
M_5						10
M_6						

注：$M_1 \sim M_6$ 在相图上的位置和坐标/组成需在相图中标明，并附图，同时说明选点原因。

3. 蛋白质在双水相中的分配系数的测定

实验数据记录于表 7.8.3。

表 7.8.3　$PEG/(NH_4)_2SO_4$ 双水相体系萃取酶蛋白

M 点	分离物添加量/mL	上相 $V_上$/mL	下相 $V_下$/mL	相比 R	上相 $A_上$	下相 $A_下$	分配系数 K
（1）PEG1000/硫酸铵双水相体系萃取牛奶酪蛋白							
M_1							
M_2							
M_3							

续表

M点	分离物添加量/mL	上相 $V_{上}$/mL	下相 $V_{下}$/mL	相比 R	上相 $A_{上}$	下相 $A_{下}$	分配系数 K
（2）PEG2000/硫酸铵双水相体系萃取牛奶酪蛋白							
M_4							
M_5							
M_6							

4．结果分析与讨论

（1）上、下相蛋白质总量与加入蛋白质总量是否一致？

（2）分析导致所得实验结果偏高或偏低的原因。

七、思考题

（1）如何根据双水相体系相图选择合理的两相体系进行生物萃取分离？

（2）在配制两水相系统时，为什么必须充分混合？混合不充分会带来什么影响？

（3）用比色法分析上、下相蛋白质浓度时，如何精确吸出在同一离心试管中的上、下两相？试写出操作步骤。

（4）双水相萃取分配系数的大小与哪些因素有关？

实验九　胰蛋白酶的提取与激活

一、实验目的

1．了解胰蛋白酶原的提取与激活方法。

2．掌握等电点沉淀、盐析沉淀分离胰蛋白酶的基本原理和操作。

二、实验原理

在动物胰脏中，胰蛋白酶是以无活性的酶原状态存在的。在生理条件下，胰蛋白酶原随胰液分泌至十二指肠后，在小肠上腔有 Ca^{2+} 的环境中，被肠激酶或胰蛋白酶所激活，其肽链 N-端的赖氨酸与异亮氨酸之间的一个肽键被水解，失去一个酸性 6 肽，其分子构象发生一定的改变后转变为具有催化蛋白质水解活性的胰蛋白酶。正常胰液中胰蛋白酶原占总蛋白质含量的 19%。胰蛋白酶原分子量约为 24000，其等电点（pI）为 8.9。胰蛋白酶是蛋白质组学研究的重要制剂，为白色或类白色结晶性粉末，其分子量约为 23400，其 pI 为 10.8。

从动物胰脏中提取胰蛋白酶，一般是用稀酸将胰腺细胞中含有的胰蛋白酶原提取出来，然后根据等电点沉淀的原理将提取液的 pH 值调至酸性（pH 2.5～3），使大量的酸性蛋白沉淀出来。经硫酸铵分级盐析将胰蛋白酶原、胰凝乳蛋白酶原和弹性蛋白酶原沉淀。沉淀物经水溶解并调至 pH 8.0，用极少量的胰蛋白酶将胰蛋白酶原激活。

三、实验材料、仪器及试剂

1．实验材料

新鲜猪胰脏。

2. 实验仪器及耗材

烧杯、组织捣碎机、高速冷冻离心机、解剖刀、磁力搅拌器、分析天平、恒温水浴锅、计时器、pH 计。

3. 实验试剂及配制方法

（1）pH 2.5～3.0 乙酸酸化水　向冰醋酸中不断加入去离子水，不断搅拌，同时用 pH 计或者精密 pH 试纸测定 pH 值，当 pH 处于 2.5～3.0 间即可。

（2）2.5mol/L H_2SO_4　用量筒量取 135.9mL 浓硫酸，慢慢沿烧杯壁倒入盛有 800mL 去离子水的烧杯中，不断搅拌，冷却到室温后将烧杯中溶液转移到 1000mL 容量瓶中，用适量水洗涤烧杯 2～3 次，洗涤液也转移到容量瓶中，直至定容到 1000mL，摇匀即可。

（3）5mol/L NaOH　称取 NaOH 200g，以蒸馏水稀释到 1000mL。

（4）pH 9.0 的 0.4mol/L 硼酸缓冲液　称取硼酸（H_3BO_3）24.74g，加蒸馏水溶解至 800mL，用适当浓度的 NaOH 溶液调 pH 至 9.0，定容到 1000mL。

（5）2mol/L NaOH　称取 NaOH 80g，以蒸馏水稀释到 1000mL。

（6）pH 8.0 的 0.2mol/L 硼酸缓冲液　称取硼酸（H_3BO_3）13.37g，加蒸馏水溶解至 800mL，用适当浓度的 NaOH 溶液调 pH 至 8.0，定容到 1000mL。

（7）0.025mol/L HCl　取 2.25mL HCl，加蒸馏水定容到 1000mL。

（8）pH 9.0 的 0.8mol/L 硼酸缓冲液　称取硼酸（H_3BO_3）49.47g，加蒸馏水溶解至 800mL，用适当浓度的 NaOH 溶液调 pH 至 9.0，定容到 1000mL。

（9）0.001mol/L HCl　取 0.09mL HCl，加蒸馏水定容到 1000mL。

（10）固体无水氯化钙、固体硫酸铵等。

四、实验步骤

1. 胰蛋白酶原的提取与分离

（1）胰蛋白酶原的提取　取新鲜胰脏约 150g，剥去脂肪和结缔组织，切成碎块，取净重 100g，加入 2 倍体积预冷的 pH 2.5～3.0 乙酸酸化水，用组织捣碎机捣碎，制成匀浆。将匀浆倒入 500mL 烧杯中，用 10% 乙酸调节匀浆 pH 在 2.5～3.0 之间，在 5～10℃ 下间隙轻轻搅拌提取 6h 以上（或放冰箱内过夜）。用 4 层纱布过滤，尽量挤出乳白色滤液。组织残渣中再加入 0.5 倍体积（约 50mL）预冷的 pH 2.5～3.0 乙酸酸化水再提取一次（放置 1～2h），再用 4 层纱布过滤。

（2）酸性杂质蛋白的等电点沉淀与去除　合并两次滤液，用 2.5mol/L 硫酸调节滤液 pH 在 2.5～3.0 之间，4℃ 放置 4h（pH 始终保持在 2.5～3.0），使提取液中酸性蛋白沉淀析出。提取液用折叠滤纸于玻璃漏斗中自然过滤，收集黄色透明滤液，量取体积（约 200mL）。

（3）胰蛋白酶原的硫酸铵盐析　滤液中加入粉末状固体硫酸铵（预先研细），使溶液达 0.75 饱和度（每升滤液加 492g 固体硫酸铵，5℃）。放置过夜，使胰蛋白酶原完全析出。次日抽滤，弃滤液，压紧并收集滤饼，即胰蛋白酶原粗品。

2. 胰蛋白酶原的激活

（1）胰蛋白酶原粗品溶液的加 Ca^{2+} 预处理　将胰蛋白酶原粗品称重（湿重），分次加入 10 倍体积预冷的蒸馏水（按滤饼质量计算），使滤饼完全溶解（一般情况滤饼中硫酸铵含量约占饼重的 1/4）。用 5mol/L NaOH 将溶液调至 pH 8.0，慢慢搅拌下加入固体无水 $CaCl_2$ 使溶液的 Ca^{2+} 终浓度达到 0.1mol/L（要减去一部分氯化钙与硫酸铵结合生成硫酸钙的 Ca^{2+}）。取出 2mL

溶液用于测定激活前的蛋白质含量及酶活性。

（2）胰蛋白酶原的激活   原溶液中加入 5mg 结晶胰蛋白酶，轻轻搅拌均匀，25℃放置 2～4h，或 4℃放置 12～16h，使胰蛋白酶原活化。每隔 1h 取样测定胰蛋白酶活性增长情况，直至酶激活速度变慢或停止增长。一般比活可达到 3500～4000 BAEE 单位/mg。留取 2mL 溶液用于测定激活后的蛋白质含量和酶活性。

（3）胰蛋白酶溶液中杂质的去除   激活酶溶液用 2.5mol/L 硫酸调 pH 至 2.5～3.0，滤纸或抽滤过滤，滤去硫酸钙沉淀，收集滤液，留取 2mL 测定胰蛋白酶活性及蛋白质含量。

3. 胰蛋白酶的硫酸铵分级盐析

（1）按 242g/L 加入细粉状固体硫酸铵，使溶液达到 0.4 饱和度，放置数小时后，抽滤，弃去滤饼。

（2）滤液按 250g/L 加入研细的硫酸铵，使溶液饱和度达到 0.75，放置数小时，抽滤，弃去滤液，滤饼（粗胰蛋白酶）溶解后进行结晶。

4. 胰蛋白酶结晶溶解及纯化

（1）胰蛋白酶结晶的溶解并调节 pH   按每克滤饼溶于 1.0mL pH 9.0 的 0.4mol/L 硼酸缓冲液的量，称量所得胰蛋白酶结晶质量后，计算需加入 pH 9.0 的 0.4mol/L 硼酸缓冲液的体积，将胰蛋白酶结晶小心搅拌溶解；取样后，用 2mol/L NaOH 精密调 pH 至 8.0，注意要小心调节，偏酸不易结晶，偏碱则易失活。

（2）胰蛋白酶的结晶纯化   将上述所得混合液放置数小时后，应出现大量絮状物，溶液逐渐变稠呈胶态，再加入总体积 1/5～1/4 的 pH 8.0 的 0.2mol/L 硼酸缓冲液，使胶态分散，必要时加入少许胰蛋白酶晶体。放置 2～5 天可得到大量胰蛋白酶结晶，每天观察，核对 pH 是否为 8.0 并及时调整。

用显微镜观察，待结晶析出完全时，抽滤，母液回收，一次结晶的胰蛋白酶产物再进行重结晶：用约 1 倍的 0.025mol/L HCl，使上述结晶分散，加入 1.0～1.5 倍体积的 pH 9.0 的 0.8mol/L 硼酸缓冲液，至结晶酶全部溶解，取样后，用 2mol/L NaOH 调溶液 pH 至 8.0（准确）（体积过大，很难结晶），冰箱放置 1～2 天，可将大量结晶抽滤得第二次结晶产物（母液回收），冰冻干燥后得重结晶的猪胰蛋白酶。

5. 胰蛋白酶样品的蛋白质含量及酶活测定

（1）紫外法测定胰蛋白酶的蛋白质含量   参照本章实验三中"6. 样品中可溶性蛋白质含量的测定"进行。

也可按照如下方法进行：测定时将待测酶液用 0.001mol/L HCl 稀释至适当浓度，以 0.001mol/L HCl 作对照。猪胰蛋白酶在 280nm 处的比消光系数 $E_{1cm}^{1\%}$ 为 13.5，所以当其浓度为 1mg/mL 时，消光系数应为 1.35。

$$胰蛋白酶的蛋白质含量（mg/mL）= \frac{A_{280} \times 稀释倍数}{1.35} \qquad (7.9.1)$$

（2）酶活测定   可参照本章实验十"胰蛋白酶的酶活和比活测定"进行。

五、注意事项

（1）胰脏必须是刚屠宰的新鲜组织或立即低温存放的，否则可能因组织自溶而导致实验失败。

（2）在室温 14~20℃条件下 8~12h 可激活完全，激活时间过长，因胰蛋白酶本身自溶而会使比活降低，比活性达到"3000~4000 BAEE 单位/mg 蛋白"时即可停止激活。

（3）要想获得胰蛋白酶结晶，在进行结晶时应十分细心地按规定条件操作，切勿粗心大意，前几步的分离纯化效果越好，则培养结晶也越容易，因此每一步操作都要严格。进行酶蛋白溶液过稀而难以形成结晶，过浓则易形成无定形沉淀析出。因此，必须恰到好处，一般来说待结晶的溶液开始时应略呈微浑浊状态。

（4）过酸或过碱都会影响结晶的形成及酶活力变化，必须严格控制 pH。

（5）第一次结晶时，3~5 天后仍然无结晶，应检查 pH，必要时调整 pH 或接种，促使结晶形成。重结晶时间要短些。

六、结果记录及分析讨论

1. 计算猪胰蛋白酶的提取得率。
2. 计算并比较激活前后猪胰蛋白酶的蛋白质含量及酶活。
3. 结果分析讨论

试从激活前、后的蛋白质含量及酶活数据出发，说明本实验失败还是成功，并尝试分析原因和提出实验改进措施。

七、思考题

（1）本实验提取酶时应用了硫酸铵分级盐析方法，它具有什么特点？
（2）评价胰蛋白酶提取成功或失败的参数有哪些？

实验十 胰蛋白酶的酶活和比活测定

一、实验目的

了解和熟悉胰蛋白酶酶活和比活的测定方法和原理。

二、实验原理

胰蛋白酶能催化蛋白质的水解，对于由碱性氨基酸（如精氨酸、赖氨酸）的羧基与其他氨基酸的氨基所组成的肽键具有专一性，特别表现在对碱性氨基酸羧基一侧的选择。通常利用这类人工合成的物质为底物，研究其专一催化活性。因此，本实验采用人工合成的 N-苯甲酰-L-精氨酸乙酯（N-benzoyl-L-arginine ethyl ester，BAEE）为底物，进行酶反应来测定胰蛋白酶的活性。水解反应式如图 7.10.1 所示。

在 253nm 下，BAEE 的紫外吸收值远远小于 N-苯甲酰-L-精氨酸（BA，N-benzoyl-L-arginine）的紫外吸收值。BAEE 在酶的催化下，随着酯键的水解，BA 逐渐增多，于是反应体系的紫外吸收值也随之相应增加。

胰蛋白酶的 BAEE 单位定义为：以 BAEE 为底物，在一定反应条件下，引起每分钟吸光度增加 0.003 的酶量，规定为 1 个 BAEE 单位。

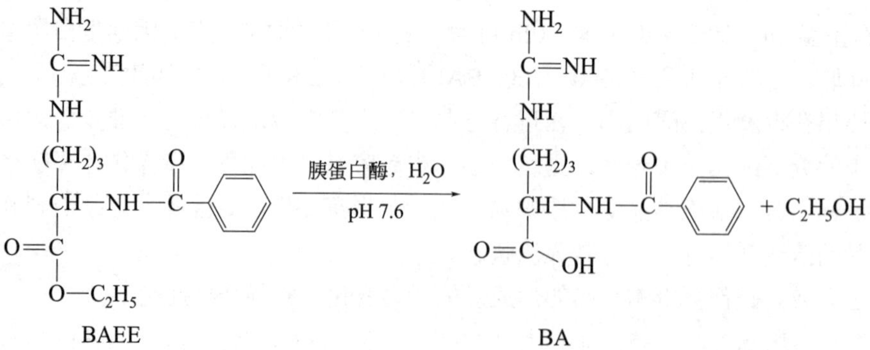

图 7.10.1 BAEE 的水解反应

三、实验材料、仪器及试剂

1. 实验材料

新鲜猪胰脏。

2. 实验仪器及耗材

电子天平、紫外可见分光光度计、恒温水浴锅、烧杯、计时器、pH 计、移液管或可调式微量移液器、容量瓶和量筒等。

3. 实验试剂及配制方法

（1）pH 7.6 的 0.067mol/L 磷酸盐缓冲液   取 0.067mol/L Na_2HPO_4 溶液 86.8mL 与 0.067mol/L KH_2PO_4 溶液 13.2mL 混合，测 pH 为 7.6。若 pH 值与 7.6 有偏差，可用适当浓度的 HCl 或 NaOH 调节到 pH 为 7.6。

（2）BAEE（N-苯甲酰-L-精氨酸乙酯盐酸盐） 在精密电子天平上称取 N-苯甲酰-L-精氨酸乙酯盐酸盐 12mg，加水 10mL 溶解，用 pH 7.6 的 0.067mol/L 磷酸盐缓冲液稀释成 100mL，恒温于（25±0.5）℃，以水作空白对照，在 253nm 波长处测定吸收值。必要时可用上述底物原液或磷酸盐缓冲液调节，使吸光度在 0.575～0.585 之间。制成后应在 2h 内使用。

四、实验步骤

1. 胰蛋白酶酶活的测定

（1）将胰蛋白酶的待测酶液用 pH 7.6 的 0.067mol/L 磷酸盐缓冲液适当倍数稀释至 1mL，精确吸取 0.2mL 于比色管中，再加入 3.0mL 恒温于（25±0.5）℃的底物溶液，并使比色皿内的温度保持在（25±0.5）℃，立即摇匀倒入比色皿，同时用秒表计时，立即放入比色槽中，在 253nm 波长处，30s 时第一次读取吸光度值，以后每隔 30s 读一次，至 3min。空白对照为底物溶液（BAEE）。

（2）以时间为横坐标、吸光度值为纵坐标作图，每 30s 吸光度的改变值应呈线性关系（恒定在 0.015～0.018 酯键）。

（3）若不符合上述要求，应调整该待测酶液的浓度，再做测定。

（4）在上述吸光度值对时间的关系图中，取呈线性的吸光度值，胰蛋白酶的酶活按下式计算：

$$C = \frac{A_1 - A_2}{0.003tV} \times D \tag{7.10.1}$$

式中 C——每毫升供试品中含胰蛋白酶的单位数，U/mL；

A_1——直线上终止的吸光度；

A_2——直线上开始的吸光度；

t——A_1 至 A_2 读数的时间，min；

0.003——实验条件下吸光度值每分钟改变 0.003，即 1 个胰蛋白酶单位；

V——比色皿中酶液加入的体积，mL；

D——酶液稀释倍数。

2. 胰蛋白酶总蛋白的含量测定

（1）可参照本章实验三中"6. 样品中可溶性蛋白质含量的测定"进行。

（2）也可用本章实验八中的考马斯亮蓝比色法测定胰蛋白酶的待测酶液的总蛋白的含量（mg/mL）。

3. 胰蛋白酶的比活的计算

根据胰蛋白酶待测酶液的酶活和总蛋白测定结果，按下式计算比活：

$$比活（U/mL）=\frac{酶活}{蛋白质含量} \tag{7.10.2}$$

五、注意事项

胰蛋白酶酶活的测定所用的 BAEE 溶液的吸光度需要调整在 0.575～0.585 之间，且该溶液应该在制成后 2h 内使用。

六、结果记录及分析讨论

1. 实验结果记录及处理

（1）将比色测定时每隔 30s 读取的各原始数据记录于表 7.10.1。

表 7.10.1　胰蛋白酶酶活的测定结果及酶活改变值

时间/s	0	30	60	90	120	150	180
A_{253}							
ΔA_{253}	0						

采用合适的数据处理软件（如 Excel、Origin 等）处理上述数据，以时间（t）为横坐标、酶活改变值（ΔA_{253}）为纵坐标，作线性拟合图，并满足"每 30s 吸光度的改变值应呈线性关系"，并将处理所得的图表（包括标题，横、纵坐标名称及单位）及关键信息记录于实验报告中，同时对标准曲线进行评价（精确性、适用性等）。

（2）确定胰蛋白酶的待测酶液合适的测定浓度。

（3）按公式（7.10.1）计算胰蛋白酶待测酶液的酶活（U/mL）。

2. 胰蛋白酶总蛋白的含量测定。

3. 胰蛋白酶待测酶液的比活计算。

4. 结果分析与讨论

查阅相关文献或资料，说明本次实验成功还是失败，并分析原因及提出操作改进方法。

七、思考题

（1）如何有效提高胰蛋白酶酶活测定的精度？

（2）简述胰蛋白酶酶活测定的基本原理。查阅文献，说明此法还适用于哪些酶的酶活测定？

实验十一　反胶束萃取技术提取胰蛋白酶

一、实验目的

1. 加深对反胶束萃取基本原理的理解。
2. 了解反胶束萃取的工艺流程及影响因素。
3. 研究 pH 和盐离子强度对萃取率和反萃率的影响规律，求出适宜的萃取 pH 和离子强度。

二、实验原理

反胶束萃取技术（reversed micelles extraction）是利用表面活性剂在有机溶剂中自发形成一种纳米级的反胶束相来萃取水溶液中的大分子蛋白质。在反胶束溶液中，组成反胶束的表面活性剂定向排列，其非极性尾端向外伸入非极性有机溶剂主体中，而亲水的极性头向内排列形成一个极性核，极性核内充满水溶液，具有溶解蛋白质等大分子物质的能力。当含反胶束的有机溶剂与蛋白质水溶液接触时，蛋白质在静电引力、疏水作用力或亲和力等推动力作用下溶入极性核中，从而被萃取。然后再控制适当的条件，使蛋白质从负载有机相中重新反萃取到水相，达到纯化目的。反胶束萃取技术具有成本低、可重复利用的优点，所以具有广阔的工业应用前景。

影响反胶束萃取的因素很多，主要有水相溶液的 pH、离子强度、表面活性剂和有机溶剂的种类和浓度、温度等。

一般通过有机溶剂或硫酸铵沉淀法制得胰酶粗品。本实验利用阴离子型表面活性剂琥珀酸二酯磺酸钠[sodium 2-ethylhexyl sulfosuccinate，AOT（图 7.11.1）]在异辛烷中形成的反胶束系统对胰酶粗提物中的胰蛋白酶进行提取，使胰蛋白酶的纯度得到较大提高。由于 AOT 是具有双链、极性头较小的表面活性剂，所以堆砌率高，在异辛烷中能自发形成反胶束溶液。

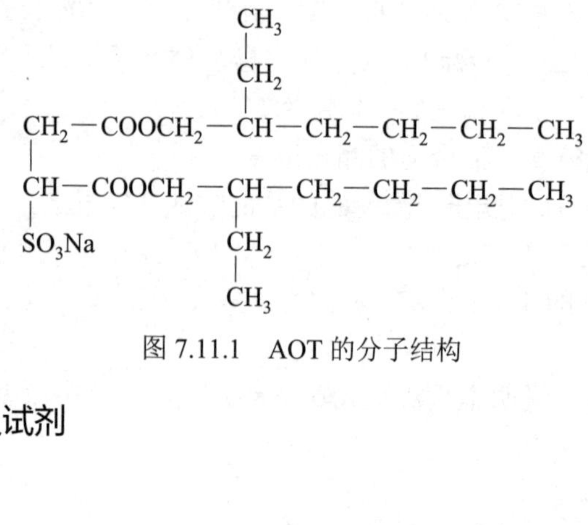

$$
\begin{array}{l}
CH_3 \\
| \\
CH_2 \\
| \\
CH_2-COOCH_2-CH-CH_2-CH_2-CH_2-CH_3 \\
| \\
CH-COOCH_2-CH-CH_2-CH_2-CH_2-CH_3 \\
| | \\
SO_3Na CH_2 \\
| \\
CH_3
\end{array}
$$

图 7.11.1　AOT 的分子结构

三、实验材料、仪器及试剂

1. 实验材料

胰酶粗提物。

2. 实验仪器及耗材

电子天平、循环水式真空泵、布氏漏斗、抽滤瓶、水浴恒温振荡器、具塞三角瓶、酸度计、移液管、烧杯、10mL 刻度离心管、量筒、容量瓶等。

3. 实验试剂及配制方法

（1）琥珀酸二酯磺酸钠（AOT，>96.0%）。

（2）N-苯甲酰-L-精氨酸乙酯盐酸盐（BAEE，>98.0%，生化试剂）。

（3）异辛烷、乙醇、碳酸钠、碳酸氢钠、氯化钾、磷酸氢二钠、磷酸二氢钠、硅藻土、透析袋等。

四、实验步骤

1. 反胶束相系统的萃取操作

（1）不同 pH 对萃取的影响

① 配制缓冲液　分别配制 pH 为 5.8、6.4、6.8、7.2、7.6 的 0.01mol/L Na_2HPO_4/NaH_2PO_4 缓冲液，其中 KCl 浓度均为 0.06mol/L。

② 配制酶液　分别称取 0.5～2g 的猪胰酶粗提物干粉，加入 100mL 上述不同 pH 的缓冲液中，控制胰蛋白酶的酶活力均为 200～300 U/mL，磁力搅拌 30min，使酶得到充分溶解。再加入 1%硅藻土作为助滤剂，真空抽滤，得到澄清的酶溶液。

由于粗酶粉的溶解会改变溶液中的 pH，所以要用上述对应的 pH 缓冲液分别进行透析；将酶液装入透析袋中，两头扎紧，吊在缓冲液中，冰箱放置，经多次换液后，使其达到萃取所要求的 pH。透析后的酶溶液即可用于萃取。萃取前取样测定其酶活（U/mL）和蛋白质浓度，计算比活（U/mg）。

③ 配制含 15%乙醇的 0.1mol/L AOT-异辛烷反胶束相　称取 4.4g AOT 溶于少量异辛烷中，加入 15mL 无水乙醇，再用异辛烷定容至 100mL，形成无色透明的溶液。

④ 萃取　分别吸取不同 pH 的酶溶液 5mL 和等体积含 15%乙醇的 0.1mol/L AOT-异辛烷反胶束相于 5 只具塞三角瓶中，置于 25℃恒温摇床中，以 250r/min 振荡 10min，使达到萃取平衡。将胰蛋白酶充分转移至反胶束团中。

⑤ 分离及测定　将充分混合的反胶束溶液倒入 10mL 刻度离心管中，用离心机 4000r/min 离心 10min，使分离成上、下两相。记录上、下相的体积（mL），并测定水相（下相）的酶活。按下式计算萃取率：

$$萃取率 = \frac{U_0 V_0 - U_1 V_1}{U_0 V_0} \times 100\% \tag{7.11.1}$$

式中，U_0 和 V_0 分别为初始酶液的酶活（U/mL）和体积（mL）；U_1 和 V_1 分别为萃取后下相的酶活（U/mL）和体积（mL）。

（2）KCl 离子强度对萃取的影响

① 配制缓冲液　在上述已配制 pH 7.2 的 0.01mol/L Na_2HPO_4-NaH_2PO_4 缓冲液中，分别加入不同量的 KCl，溶解，使其浓度分别为 0.04mol/L、0.06mol/L、0.08mol/L、0.10mol/L。

② 配制酶液　分别称取 0.5～2g 的猪胰酶粗提物干粉，加入 100mL 上述不同 KCl 浓度的缓冲液中，控制胰蛋白酶的酶活力均为 200～300 U/mL，磁力搅拌 30min，使酶得到充分溶解。再加入 1%硅藻土作为助滤剂，真空抽滤，得到澄清的酶溶液。用上述对应的不同浓度 KCl 缓冲液分别进行透析，并多次换液使其达到萃取所要求的 pH 7.2 的数值。萃取前取样测定其

酶活（U/mL）和蛋白质浓度，计算比活（U/mg）。

以下的萃取操作均与（1）③～⑤步相同。

2. 反胶束系统的反萃取操作

（1）配制缓冲液　配制 pH 10.1～10.3 的 0.05mol/L Na$_2$CO$_3$-NaHCO$_3$ 反萃取缓冲液，其中含 4%（体积分数）乙醇和 1.2mol/L KCl。

（2）反萃取　在萃取离心后的上层有机相中分别加入等体积的上述反萃取缓冲液，25℃恒温摇床中以 250r/min 振荡 10min，充分混合，使胰蛋白酶转入水相。

（3）分离及测定　将充分混合的上述溶液分别倒入 10mL 刻度离心管中，用离心机 4000r/min 离心 10min，使分离成上、下两相。记录上、下相的体积（mL），并分别测定反萃液（下相）的酶活。按下式计算反萃率：

$$反萃率 = \frac{U_2 V_2}{U_0 V_0 - U_1 V_1} \times 100\% \qquad (7.11.2)$$

式中，U_0 和 V_0 分别为初始酶液的酶活（U/mL）和体积（mL）；U_1 和 V_1 分别为萃取后下相的酶活（U/mL）和体积（mL）；U_2 和 V_2 分别为反萃液下相的酶活（U/mL）和体积（mL）。

根据原酶液和反萃液中的蛋白质含量以及酶活，计算胰蛋白酶比活（U/mg 蛋白）。

五、注意事项

（1）实验开展之前，需认真学习反胶束萃取技术理论知识，并预习本实验操作，以增加实验成功率。

（2）反胶束萃取影响因素多，如水相溶液的 pH、离子强度、表面活性剂和有机溶剂的种类和浓度、温度等，因此在实验过程中需准确控制其他条件以减小其对实验结果的影响。

六、结果记录及分析讨论

1. 分别列表记录在不同 pH 和 KCl 浓度下，实验所得萃取率和反萃率的数据。如表 7.11.1 所列。

表 7.11.1　不同 pH 对萃取的影响数据记录表

	pH	5.8	6.4	6.8	7.2	7.6
萃取前	酶活 U_0/（U/mL）					
	体积 V_0/mL					
	蛋白质浓度					
	比活					
萃取后	萃取液上相体积/mL					
	下相体积 V_1/mL					
	下相酶活 U_1/（U/mL）					
	萃取率/%					
反萃取	反萃液上相的体积/mL					
	下相的体积 V_2/mL					
	下相的酶活 U_2/（U/mL）					
	反萃率/%					

参考表 7.11.1 设计不同 KCl 浓度下的数据记录表，记录实验所得相关数据，并计算萃取率和反萃率。

2. 以萃取率和反萃率为纵坐标、萃取缓冲液的 pH 为横坐标，分别制作 pH 对萃取率和反萃率的影响曲线图。总结其规律，并从理论上解释原因。结合反萃率讨论萃取时适宜的 pH 条件应为多少？

3. 根据不同 pH 萃取前酶液的比活和反萃取后反萃液的比活，计算经反胶束萃取后，胰蛋白酶纯度（比活）的提高倍数。

4. 以萃取率为纵坐标、萃取缓冲液中 KCl 浓度为横坐标，制作 KCl 浓度对萃取率的影响曲线图。总结其规律，并从理论上解释原因。

5. 结果分析与讨论

本实验成功还是失败？试分析原因。

七、思考题

（1）为什么在有机溶剂中会形成反胶束？简述反胶束萃取的基本原理。

（2）查阅文献或资料，分析影响反胶束萃取的因素，并提出提高萃取率的方法。

附录一　常用碱基符号

碱基类型	符号	碱基	英文注释	中文说明
单碱基	A	A	Adenine	腺嘌呤
	C	C	Cytosine	胞嘧啶
	G	G	Guanine	鸟嘌呤
	I	I	Hypoxanthine	次黄嘌呤
	T	T	Thymine	胸腺嘧啶
	U	U	Uracil	尿嘧啶
二碱基	K	G/T	Keto	含酮基
	M	A/C	Amino	含氨基
	R	A/G	Purine	嘌呤
	S	G/C	Strong pair	强配对
	W	A/T	Weak pair	弱配对
	Y	C/T	Pyrimidine	嘧啶
三碱基	B	C/G/T	Not A	非 A
	D	A/G/T	Not C	非 C
	H	A/C/T	Not G	非 G
	V	A/C/G	Not U (or T)	非 U(T)
四碱基	N	A/C/G/T	Any	任一碱基
	X	A/C/G/T	Unknown	未知碱基

附录二 常用氨基酸符号

中/英文全称	三字母符号	单字母符号	密码子	分子量	侧链基团
丙氨酸(Alanine)	Ala	A	GCX	89.09	—CH_3
半胱氨酸(Cysteine)	Cys	C	TGM	121.15	—CH_2SH
天冬氨酸(Aspartic acid)	Asp	D	AAM	133.103	—CH_2COOH
谷氨酸(Glutamic acid)	Glu	E	GAP	147.13	—$CH_2CH_2COO^-$
苯丙氨酸(Phenylalanine)	Phe	F	TTM	165.19	—$CH_2(C_6H_5)$
甘氨酸(Glycine)	Gly	G	GGX	75.07	—H
组氨酸(Histidine)	His	H	CAM	155.16	—$CH_2(C_3N_2H_4)^+$
异亮氨酸(Isoleucine)	Ile	I	ATM,ATA	131.17	—$CH(CH_3)CH_2CH_3$
赖氨酸(Lysine)	Lys	K	AAP	146.19	—$(CH_2)_4NH_3^+$
亮氨酸(Leucine)	Leu	L	CTX,TTP	131.17	—$CH_2CH(CH_3)_2$
蛋氨酸(Methionine)	Met	M	ATG	149.21	—$(CH_2)_2SCH_3$
天冬酰胺(Asparagine)	Asn	N	GAM	132.12	—CH_2CONH_2
脯氨酸(Proline)	Pro	P	CCX	115.13	—$(CH_2)_3$—
谷氨酰胺(Glutamine)	Gln	Q	CAP	146.15	—$CH_2CH_2CONH_2$
精氨酸(Arginine)	Arg	R	CGX,AGP	174.20	—$(CH_2)_3NHC(NH_2)^+NH_2$
丝氨酸(Serine)	Ser	S	TCX, AGM	105.09	—CH_2OH
苏氨酸(Threonine)	Thr	T	ACX	119.12	—$CH(OH)CH_3$
缬氨酸(Valine)	Val	V	GTX	117.15	—$CH(CH_3)_2$
色氨酸(Tryptophan)	Trp	W	TGG	204.23	—$CH_2(C_8NH_6)$
酪氨酸(Tyrosine)	Tyr	Y	TAM	181.19	—$CH_2(C_6H_4)OH$

附录三　常用缓冲液的配制

1. 磷酸氢二钠-磷酸二氢钠（Na_2HPO_4-NaH_2PO_4）缓冲液（0.2mol/L，25℃）

（1）母液 A　0.2mol/L NaH_2PO_4 溶液。

称取 $NaH_2PO_4 \cdot 2H_2O$ 31.21g 或 $NaH_2PO_4 \cdot H_2O$ 27.60g，以去离子水溶解后转入 1000mL 容量瓶中，加水定容至 1000mL。

（2）母液 B　0.2mol/L Na_2HPO_4 溶液。

称取 $Na_2HPO_4 \cdot 2H_2O$ 35.61g、$Na_2HPO_4 \cdot 7H_2O$ 53.61g 或 $Na_2HPO_4 \cdot 12H_2O$ 71.64g，用去离子水溶解后转入 1000mL 容量瓶中，加水定容至 1000mL。

不同 pH 值下 100mL Na_2HPO_4-NaH_2PO_4 缓冲液的母液用量见下表。

pH	A 用量/mL	B 用量/mL	pH	A 用量/mL	B 用量/mL
5.7	93.5	6.5	6.9	45	55
5.8	92	8	7.0	38	62
5.9	90	10	7.1	33	67
6.0	87.7	12.3	7.2	28	72
6.1	85	15	7.3	23	77
6.2	81.5	18.5	7.4	19	81
6.3	77.5	22.5	7.5	16	84
6.4	73.5	26.5	7.6	13	87
6.5	68.5	31.5	7.7	10.5	89.5
6.6	62.5	37.5	7.8	8.5	91.5
6.7	56.5	43.5	7.9	7	93
6.8	51	49	8.0	5.3	94.7

注：通常所说的磷酸盐缓冲液的浓度指的是溶液中所有的磷酸根浓度，而非 Na^+ 或 K^+ 的浓度，Na^+ 和 K^+ 只是用来调节渗透压的。

若要配制 0.1mol/L 磷酸氢二钠-磷酸二氢钠（Na_2HPO_4-NaH_2PO_4）缓冲液，只需将上述配制好的 0.2mol/L 缓冲溶液稀释 1 倍即可；同理，经合理稀释即可得到 0.05mol/L 或者 0.01mol/L 的缓冲溶液。同时，若担心 pH 波动，可以通过 pH 计或 pH 试纸测定后，用一定浓度的 HCl 或 NaOH 溶液进行适当校正。

2. 醋酸-醋酸钠（HAc-NaAc）缓冲液（0.2mol/L，18℃）

（1）母液 A　0.2mol/L HAc。

量取 11.14mL 或称取 11.7g HAc（M_r=60.02，密度为 $1.05g/cm^3$），加去离子水溶解后定容至 1000mL。

（2）母液 B　0.2mol/L NaAc。

称取 $NaAc \cdot 3H_2O$（M_r=136.09）27.22g，加去离子水溶解后定容至 1000mL。

不同 pH 值下 10mL HAc-NaAc 缓冲液的母液用量见下表。

pH	A 用量/mL	B 用量/mL		pH	A 用量/mL	B 用量/mL
3.6	9.25	0.75		4.8	4.10	5.90
3.8	8.80	1.20		5.0	3.00	7.00
4.0	8.20	1.80		5.2	2.10	7.90
4.2	7.35	2.65		5.4	1.40	8.60
4.4	6.30	3.70		5.6	0.90	9.10
4.6	5.10	4.90		5.8	0.60	9.40

3. 碳酸钠-碳酸氢钠（Na_2CO_3-$NaHCO_3$）缓冲液（0.1mol/L）

（1）母液 A　0.1mol/L Na_2CO_3。

称取 Na_2CO_3·$10H_2O$（M_r=286.2）28.62g，用去离子水溶解后定容至 1000mL。

（2）母液 B　0.1mol/L $NaHCO_3$。

称取 $NaHCO_3$（M_r=84.0）8.40g，用去离子水溶解后定容至 1000mL。

不同 pH 值下 10mL Na_2CO_3-$NaHCO_3$ 缓冲液的母液用量见下表。

pH		A 用量/mL	B 用量/mL
20℃	37℃		
9.16	8.77	1	9
9.4	9.12	2	8
9.51	9.4	3	7
9.78	9.5	4	6
9.9	9.72	5	5
10.14	9.9	6	4
10.28	10.08	7	3
10.53	10.28	8	2
10.83	10.57	9	1

注：本缓冲液在 Ca^{2+}、Mg^{2+} 存在时不得使用。

4. Tris-HCl 缓冲液（0.05mol/L，25℃）

（1）母液 A　0.1mol/L 三羟甲基氨基甲烷（Tris）。

称取 Tris 碱（M_r=121.14）12.114g，用去离子水溶解后定容至 1000mL。注意 Tris 溶液可从空气中吸收二氧化碳，使用时应注意将瓶盖盖严。

（2）母液 B　0.1mol/L HCl。

量取 8.58mL 浓盐酸，用去离子水定容至 1000mL。

pH	A 用量/mL	B 用量/mL	去离子水	pH	A 用量/mL	B 用量/mL	去离子水
7.1	50	45.7		8.1	50	26.2	
7.2	50	44.7		8.2	50	22.9	
7.3	50	43.4		8.3	50	19.9	
7.4	50	42		8.4	50	17.2	
7.5	50	40.3	补足至 100mL	8.5	50	14.7	补足至 100mL
7.6	50	38.5		8.6	50	12.4	
7.7	50	36.6		8.7	50	10.3	
7.8	50	34.5		8.8	50	8.5	
7.9	50	32		8.9	50	7	
8.0	50	29.2					

5. 甘氨酸-盐酸缓冲液（0.05mol/L）

（1）母液 A　0.2mol/L 甘氨酸溶液。

称取甘氨酸（M_r=75.07）15.01g，用去离子水溶解后定容至 1000mL。

（2）母液 B　0.2mol/L HCl。

取 17.16mL 浓盐酸用去离子水定容至 1000mL。

pH	A 用量/mL	B 用量/mL	去离子水	pH	A 用量/mL	B 用量/mL	去离子水
2.0	50	44.0		4.8	50	11.4	
2.4	50	32.4	定容至 200mL	5.0	50	8.2	定容至 200mL
2.6	50	24.2		5.2	50	6.4	
2.8	50	16.8		5.8	50	5.0	

附录四　常用上样缓冲液配制

类型	组分浓度	配制方法（10mL）
I	0.3mol/L 氢氧化钠 6mmol/L EDTA 18%聚蔗糖（400型） 0.15%溴甲酚绿 0.25%二甲苯青 FF	10mol/L 氢氧化钠 300μL 0.5mol/L EDTA（pH8.0）120μL 聚蔗糖 1.8g 溴甲酚绿 15mg 二甲苯青 FF 25mg
II	0.15%溴酚蓝 0.15%二甲苯青 FF 5mmol/L EDTA 15%聚蔗糖（400型）	聚蔗糖 1.5g 1%溴酚蓝 1.5mL 1%二甲苯青 FF 1.5mL 0.5mol/L EDTA（pH8.0）100μL
III	0.25%溴酚蓝 0.25%二甲苯青 FF 15%聚蔗糖（400型）	聚蔗糖 1.5g 1%溴酚蓝 2.5mL 1%二甲苯青 FF 2.5mL
IV	0.15%溴酚蓝 0.15%二甲苯青 FF 5mmol/L EDTA 50%甘油	1%溴酚蓝 1.5mL 1%二甲苯青 FF 1.5mL 0.5mol/L EDTA（pH8.0）100μL 甘油 5mL
V	0.15%溴酚蓝 0.15%二甲苯青 FF 5mmol/L EDTA 40%聚蔗糖	聚蔗糖 4g 1%溴酚蓝 1.5mL 1%二甲苯青 FF 1.5mL 0.5mol/L EDTA（pH8.0）100μL
VI	0.2%溴酚蓝 0.2%二甲苯青 FF 200mmol/L EDTA 0.1% SDS 50%甘油	溴酚蓝 20mg 二甲苯青 FF 20mg 0.5mol/L EDTA（pH8.0）4mL 10% SDS 100μL 甘油 5mL

附录五 常用电泳缓冲液的配制

缓冲液	工作液浓度		浓储存液（1L）	
Tris-乙酸（TAE）	1×	0.04mol/L Tris-乙酸 0.001mol/L EDTA	50×	242g Tris 碱 57.1mL 冰醋酸 100mL 0.5mol/L EDTA（pH8.0）
Tris-磷酸（TPE）	1×	0.09mol/L Tris-磷酸 0.002mol/L EDTA	10×	10g Tris 碱 15.5mL 85%磷酸（1.679g/mL） 40mL 0.5mol/L EDTA（pH8.0）
Tris-硼酸（TBE）	0.5×	0.045mol/L Tris-硼酸 0.001mol/L EDTA	5×	54g Tris 碱 27.5g 硼酸 20mL 0.5mol/L EDTA（pH8.0）
碱性缓冲液	1×	50mmol/L NaOH 1mmol/L EDTA	1×	5mL 10mol/L NaOH 2mL 0.5mmol/L EDTA（pH8.0）
Tris-甘氨酸	1×	25mmol/L Tris 碱 250mmol/L 甘氨酸 0.1% SDS	5×	15.1g Tris 碱 94g 甘氨酸（电泳级） 50mL 10% SDS（电泳级） （pH8.3）

注：TBE 溶液长时间存放后会形成沉淀物，为避免这一问题，可在室温下用玻璃瓶保存 5×溶液，出现沉淀后则予以废弃；碱性电泳缓冲液应现用现配；Tris-甘氨酸缓冲液适用于 SDS-聚丙烯酰胺凝胶电泳。

附录六　常用试剂的配制

（1）1mol/L HCl　加 8.6mL 的浓盐酸至 91.4mL 的水中。

（2）5mol/L 氯化钠（NaCl）　溶解 29.2g 氯化钠于足量的水中，定容至 100mL。

（3）10mol/L 氢氧化钠（NaOH）　溶解 400g 氢氧化钠颗粒于约 900mL 水的烧杯中（磁力搅拌器搅拌），氢氧化钠完全溶解后用水定容至 1000mL。

（4）0.4mol/L NaOH　称取 1.6g NaOH 溶于 100mL 蒸馏水中。

（5）8mol/L 乙酸钾（potassium acetate）　溶解 78.5g 乙酸钾于足量的水中，加水定容至 100mL。

（6）1mol/L 氯化钾（KCl）　溶解 7.46g 氯化钾于足量的水中，加水定容至 100mL。

（7）6mol/L 氢氧化钠　120g 分析纯氢氧化钠溶于 500mL 水。

（8）4.5mol/L 硫酸　小心将 250mL 硫酸（相对密度 1.84）加入到 700mL 水中，冷却后用水稀释至 1000mL。

（9）3mol/L 乙酸钠（sodium acetate）　溶解 40.8g 的三水乙酸钠于 90mL 水中，用冰醋酸调溶液的 pH 至 5.2，再加水定容至 100mL。

（10）3mol/L 乙酸钾（pH4.8）　称取 29.4g 乙酸钾，溶于 60mL 重蒸水中，溶解后再加入 11.5mL 冰醋酸及 28.5mL 重蒸水，所得溶液中含有 3mol/L 的钾及 5mol/L 的乙酸根，高压湿热灭菌，于 4℃冰箱储存备用。

（11）1mol/L $MgCl_2$　溶解 20.3g $MgCl_2 \cdot 6H_2O$ 于足量的水中，定容到 100mL。

（12）0.1mol/L $CaCl_2$ 溶液　称取 11.1g $CaCl_2$，加入 10mL 1mol/L 的 Tris-HCl 溶液（pH8.0），混匀定容至 1000mL。

（13）1mol/L 亚精胺（spermidine）　溶解 2.55g 亚精胺于足量的水中，使终体积为 10mL。分装成小份储存于−20℃。

（14）1mol/L 精胺（spermine）　溶解 3.48g 精胺于足量的水中，使终体积为 10mL。分装成小份储存于−20℃。

（15）10mol/L 乙酸铵（ammonium acetate）　将 771g 乙酸铵溶解于水中，加水定容至 1000mL 后，用 0.22μm 孔径的滤膜过滤除菌。

（16）10mg/mL 牛血清蛋白（BSA）　加 100mg 的牛血清蛋白（组分V或分子生物学试剂级，无 DNA 酶）于 9.5mL 水中（为减少变性，须将蛋白质加入水中，而不是将水加入蛋白质），盖好盖后，轻轻摇动，直至牛血清蛋白完全溶解为止。不要涡旋混合。加水定容至 10mL，然后分装成小份储存于−20℃。

（17）1mol/L 二硫苏糖醇（DTT）　在二硫苏糖醇 5g 的原装瓶中加 32.4mL 水，分成小份储存于−20℃。或转移 100mg 的二硫苏糖醇至微量离心管，加 0.65mL 的水配制成 1mol/L 的二硫苏糖醇溶液。

（18）2mol/L 山梨（糖）醇（sorbitol）　溶解 36.4g 山梨（糖）醇于足量水中使终体积为 100mL。

（19）0.5mol/L 乙二胺四乙酸钠（pH8.0）　配制等物质的量的 Na₂EDTA 和 NaOH 溶液（0.5mol/L），混合后形成 EDTA 的三钠盐。或称取 186.1g 的 Na₂EDTA·2H₂O 加入 800mL 重蒸水，磁力搅拌器上搅拌，加入 NaOH 调 pH 值至 8.0，重蒸水定容至 1000mL，高压蒸汽灭菌，4℃保存备用(pH 值接近 8.0 时 EDTA 钠盐才能完全溶解，调整 pH 值时可以用固体 NaOH，大约 20g，也可以用 10mol/L 的 NaOH 液，大约使用 70mL，待 EDTA 钠盐完全溶解后，再用稀 NaOH 准确调至 pH 8.0)。

（20）1mol/L 4-(2-羟乙基)-1-哌嗪乙磺酸（HEPES）　将 23.8g HEPES 溶于约 90mL 的水中，用 NaOH 调 pH 至 6.8～8.2，然后用水定容至 100mL。

（21）0.1mol/L IPTG（异丙基-β-D-硫代半乳糖苷）　取 2g IPTG 溶于 8mL 双蒸水中，定容至 10mL，用 0.22 μm 滤膜过滤除菌，每份 1mL，储存于–20℃。

（22）20mg/mL X-gal（5-溴-4-氯-3-吲哚-β-D-吡喃半乳糖苷）　将 0.2g X-gal 溶于 8mL 二甲基甲酰胺，定容至 10mL，分装后避光储存于–20℃。

（23）100mmol/L 苯甲基磺酰氟（PMSF）　溶解 174mg PMSF 于足量的异丙醇中，定容至 10mL。分成小份并用铝箔将装液管包裹或储存于–20℃。

（24）20mg/mL 蛋白酶 K（proteinase K）　将 200mg 的蛋白酶 K 加入到 9.5mL 水中，轻轻摇动，直至蛋白酶 K 完全溶解。不要涡旋混合。加水定容至 10mL，然后分装成小份储存于–20℃。

（25）100%三氯乙酸（TCA）　在装有 500g TCA 的试剂瓶中加入 100mL 水，用磁力搅拌器搅拌直至完全溶解（稀释液应在临用前配制）。

（26）100×Denhardt 试剂（Denhardt's regent）　2%聚蔗糖（Ficoll，400 型），2%聚乙烯吡咯烷酮（PVP-40），2% BSA。取 2g 聚蔗糖（Ficoll，400 型）、2g 聚乙烯吡咯烷酮、2g BSA，加入 80mL 的蒸馏水充分混匀溶解，然后加蒸馏水定容至 100mL。

（27）焦碳酸二乙酯（DEPC）处理水　加 100μL DEPC 于 100mL 水中，使 DEPC 的体积分数为 0.1%。在 37℃温浴至少 12h，然后在 15 psi（1 psi=6894.76Pa）条件下高压灭菌 20min，以使残余的 DEPC 失活。DEPC 会与胺起反应，不可用 DEPC 处理 Tris 缓冲液。

（28）甲酰胺（deionized formamide）　直接购买或加 Dowex XG8 混合树脂于装有甲酰胺的玻璃烧杯中，用磁力搅拌器轻轻搅拌 1h，可去除甲酰胺中的离子。经 Whatman 1 号滤纸过滤除去树脂后分成小份，充氮气于–80℃储存（防止氧化）。

（29）0.1mol/L Tris-HCl 缓冲液（pH8.2）（内含 2mmol/L Na₂EDTA）　称取 12.114g Tris、0.676g Na₂EDTA，加蒸馏水约 800mL，然后往其中滴加浓盐酸，测定其 pH 值约为 8.2，再补加蒸馏水定容至 1000mL。

（30）Tris-HCl 饱和重蒸酚（pH8.0）溶液　将苯酚（俗称石炭酸，分子量 94.11，分析纯，下同）置于 65℃水浴中溶解，重新进行蒸馏，当温度升至 182℃时开始收集在棕色瓶中，–20℃储藏，使用前取一瓶重蒸酚于分液漏斗中，加入等体积的 1mol/L Tris-HCl（pH 8.0）缓冲液，立即加盖，激烈振荡，并加入固体 Tris 摇匀调 pH 值（一般 100mL 苯酚约加 1g Tris）。分层后测上层水相 pH 值至 7.6～8.0（在酸性条件下，DNA 将溶解到有机相）。从分液漏斗中放出下层酚相于棕色瓶中，并加一定体积的 0.1mol/L Tris-HCl（pH8.0）覆盖在酚相上，置 4℃冰箱储存备用（操作时要戴手套，酚在空气中极易氧化变红，要随时加盖，也可加入抗氧化剂）。

（31）氯仿-异戊醇溶液（24：1）　将氯仿和异戊醇按体积比 24：1 混合，于 4℃冰箱储存备用。

（32）Tris-HCl 溶液饱和苯酚-氯仿-异戊醇（25∶24∶1） 在氯仿中加入异戊醇，氯仿-异戊醇（24∶1）、苯酚与氯仿-异戊醇按 1∶1 的比例混合待用，4℃储存 1 个月。

（33）RNA 酶 A（RNase A） 溶解 RNase A 于 TE 缓冲液中，浓度为 20mg/mL，煮沸 10～30min 除去 DNase 活性，−20℃储存。

（34）10%十二烷基硫酸钠（SDS） 称取 100g SDS 慢慢转移到约含 900mL 水的烧杯中，用磁力搅拌器搅拌直至完全溶解。用水定容至 1000mL。

（35）2% SDS 称取 SDS 2g，加入 90mL 重蒸水，于 42～68℃水中溶解，加入数滴 6mol/L HCl 调 pH 至 7.2，以重蒸水定容至 100mL，4℃保存备用。

附录七　常用缓冲液母液或储存液

（1）20×SSC 柠檬酸钠缓冲液　300mmol/L 柠檬酸三钠，3mol/L 氯化钠。配制 1000mL：在 800mL 水中溶解 175.3g NaCl 和 88.2g 柠檬酸钠，加入数滴 1mol/L HCl 溶液调节 pH 值至 7.0，加水定容至 1000mL，分装后高压灭菌。

（2）1mol/L Tris 缓冲液　称取 121.1g Tris（分子量 121.1）溶解于约 900mL 水中，再根据所要求的 pH（25℃下）加一定量的浓盐酸（11.6mol/L），用蒸馏水定容至 1000mL，高压湿热灭菌，4℃保存备用。Tris 溶液的 pH 值随温度变化而变化，温度每升高 1℃，pH 值大约降低 0.03 单位，配制及使用时需注意。

（3）TE（10mmol/L Tris，1mmol/L EDTA，用于悬浮和储存 DNA）　有 pH7.4、pH7.6、pH8.0 的三种 TE 溶液，分别由 1mL 的 pH7.4、pH7.6、pH8.0 的 1mol/L Tris-HCl 缓冲液与 0.2mL 的 0.5mol/L EDTA（pH8.0）溶液混合后，用重蒸水定容至 100mL 配制而成，高压湿热灭菌，于 4℃冰箱保存备用。

附录八　常用抗生素

1. 100mg/mL 氨苄青霉素（ampicillin）　溶解 1g 氨苄青霉素钠盐于足量的水中，最后定容至 10mL。分装成小份于–20℃储存。常以 25～50μg/mL 的终浓度添加于生长培养基。

2. 50mg/mL 羧苄青霉素（carbenicillin）　溶解 0.5g 羧苄青霉素二钠盐于足量的水中，最后定容至 10mL。分装成小份于–20℃储存。常以 25～50μg/mL 的终浓度添加于生长培养基。

3. 100mg/mL 甲氧西林（methicillin）溶解 1g 甲氧西林钠于足量的水中，最后定容至 10mL。分装成小份于–20℃储存。常以 37.5μg/mL 的终浓度与 100μg/mL 的氨苄青霉素一起添加于生长培养基。

4. 10mg/mL 卡那霉素（kanamycin）　溶解 100mg 卡那霉素于足量的水中，最后定容至 10mL。分装成小份于–20℃储存。常以 10～50μg/mL 的终浓度添加于生长培养基。

5. 25mg/mL 氯霉素（chloramphenicol）　溶解 250mg 氯霉素于足量的无水乙醇中，最后定容至 10mL。分装成小份于–20℃储存。常以 12.5～25μg/mL 的终浓度添加于生长培养基。

6. 50mg/mL 链霉素（streptomycin）　溶解 0.5g 链霉素硫酸盐于足量的无水乙醇中，最后定容至 10mL。分装成小份于–20℃储存。常以 10～50μg/mL 的终浓度添加于生长培养基。

7. 5mg/mL 萘啶酸（nalidixic acid）　溶解 50mg 萘啶酸钠盐于足量的水中，最后定容至 10mL。分装成小份于–20℃储存。常以 15μg/mL 的终浓度添加于生长培养基。

8. 10mg/mL 四环素（tetracyyline）　溶解 100mg 四环素盐酸盐于足量的水中，或者将无碱的四环素溶于无水乙醇，定容至 10mL。分装成小份用铝箔包裹装液管以免溶液见光，于–20℃储存。常以 10～50μg/mL 的终浓度添加于生长培养基。

附录九　硫酸铵饱和度计算及加入方式

盐析法是根据不同蛋白质和酶在一定浓度的盐溶液中溶解度降低程度的不同而达到彼此分离的方法，硫酸铵、硫酸镁、硫酸钠、氯化钠、磷酸钠等是蛋白质盐析过程中最常用的中性盐。其优点是温度系数小而溶解度大（25℃时饱和溶解度为4.1mol/L，即767g/L；0℃时饱和溶解度为3.9mol/L，即676g/L），在这一溶解度范围内，许多蛋白质和酶都可以盐析出来，而且硫酸铵价廉易得，分段效果比其他盐好，不容易引起蛋白质变性。应用硫酸铵时，对蛋白氮的测定有干扰，缓冲能力比较差，故有时也应用硫酸钠，如盐析免疫球蛋白，用硫酸钠的效果也较好，硫酸钠的缺点是30℃以上溶解度太低。其他的中性盐如磷酸钠的盐析作用比硫酸铵好，但也由于溶解度太低，受温度影响大，故应用不广。硫酸铵浓溶液的pH在4.5～5.5，市售硫酸铵常含有少量游离硫酸，pH往往降至4.5以下，当用其他pH进行盐析时，需用硫酸或氨水调节。

在分段盐析时，加盐浓度一般以饱和度表示，一般将饱和溶液的饱和度定为100%。用硫酸铵盐析时其溶液饱和度调整方法有以下两种。

一是当蛋白质溶液体积不大，所需调整的浓度不高时，可加入饱和硫酸铵溶液。饱和硫酸铵的配制方法是：加入过量的硫酸铵，热至50～60℃保温数分钟，趁热滤去沉淀，再在0℃或25℃下平衡1～2天，有固体析出时即达100%饱和度。盐析所需饱和度可按下式计算：

$$V = V_0 \times \frac{S_2 - S_1}{1 - S_2}$$

式中，V、V_0分别代表所需饱和度硫酸铵溶液及原溶液的体积；S_2、S_1分别代表所需达到的和原溶液的饱和度。严格来说，混合不同体积的溶液时，总体积会发生变化使上式造成误差，但由体积改变所造成的误差一般小于2%，故可忽略不计。

另一种是所需达到的饱和度较高而溶液的体积又不再过分增大时，可直接加入固体硫酸铵，其加入量（x）可按下式计算：

$$x = \frac{G(S_2 - S_1)}{1 - AS_2}$$

式中，x是将1000mL饱和度为S_1的溶液提高到饱和度为S_2时所需硫酸铵的质量，g；G、A为常数，与温度有关。G在0℃时为707，20℃时为0.29。为方便起见，在室温及0℃时所需硫酸铵的饱和度可直接查附表1和附表2求出。

附表 1　调整硫酸铵溶液饱和度计算表（25℃）

硫酸铵初始质量浓度，饱和度/%	硫酸铵终浓度，饱和度/%																
	10	20	25	30	33	35	40	45	50	55	60	65	70	75	80	90	100
	在 1000mL 中需加固体硫酸铵的质量/g①																
0	56	114	144	176	196	209	243	277	313	351	390	430	472	516	561	662	767
10		57	86	118	137	150	183	216	251	288	326	365	406	449	494	592	694
20			29	59	78	91	123	155	189	225	262	300	340	382	424	520	619
25				30	49	61	93	125	158	193	230	267	307	348	390	485	583
30					19	30	62	94	127	162	198	235	273	314	356	449	546
33						12	43	74	107	142	177	214	252	292	333	426	522
35							31	63	94	129	164	200	238	278	319	411	506
40								31	63	97	132	168	205	245	285	375	469
45									32	65	99	104	171	210	250	339	431
50										33	66	101	137	176	214	302	392
55											33	67	103	141	179	264	353
60												34	69	105	143	227	314
65													34	70	107	190	275
70														35	72	153	237
75															36	115	198
80																77	157
90																	79

① 在 25℃下，硫酸铵溶液由初浓度调到终浓度时，每 1000mL 溶液所加固体硫酸铵的质量。

附表 2　调整硫酸铵溶液饱和度计算表（0℃）

硫酸铵初始质量浓度，饱和度/%	硫酸铵终浓度，饱和度/%																
	20	25	30	35	40	45	50	55	60	65	70	75	80	85	90	95	100
	每 100mL 中需加固体硫酸铵的质量/g																
0	10.6	13.4	16.4	19.4	22.6	25.8	29.1	32.6	36.1	39.8	43.6	47.6	51.6	55.9	60.3	65	69.7
5	7.9	10.8	13.7	16.6	19.7	22.9	26.2	29.6	33.1	36.8	40.5	44.4	48.4	52.6	57	61.5	66.2
10	5.3	8.1	10.9	13.9	16.9	20	23.3	26.6	30.1	33.7	37.4	41.2	45.2	49.3	53.6	58.1	62.7
15	2.6	5.4	8.2	11.1	14.1	17.2	20.4	23.7	27.1	30.6	34.3	38.1	42	46	50.3	54.7	59.2
20	0	2.7	5.5	8.3	11.3	14.3	17.5	20.7	24.1	27.6	31.2	34.9	38.7	42.7	46.9	51.2	55.7
25		0	2.7	5.6	8.4	11.5	14.6	17.9	21.1	24.5	28	31.7	35.5	39.5	43.6	47.8	52.2
30			0	2.8	5.6	8.6	11.7	14.8	18.1	21.4	24.9	28.5	32.3	36.2	40.2	44.5	48.8
35				0	2.8	5.7	8.7	11.8	15.1	18.4	21.8	25.4	29.1	32.9	36.9	41	45.3
40					0	2.9	5.8	8.9	12	15.3	18.7	22.2	25.8	29.6	33.5	37.6	41.8
45						0	2.9	5.9	9	12.3	15.6	19	22.6	26.3	30.2	34.2	38.3
50							0	3	6	9.2	12.5	15.9	19.4	23	26.8	30.8	34.8
55								0	3	6.1	9.3	12.7	16.1	19.7	23.5	27.3	31.3
60									0	3.1	6.2	9.5	12.9	16.4	20.1	23.1	27.9
65										0	3.1	6.3	9.7	13.2	16.8	20.5	24.4
70											0	3.2	6.5	9.9	13.4	17.1	20.9
75												0	3.2	6.6	10.1	13.7	17.4
80													0	3.3	6.7	10.3	13.9
85														0	3.4	6.8	10.5
90															0	3.4	7
95																0	3.5
100																	0

参考文献

[1] 高贯威，匡立学，李银萍，等. 基于3,5-二硝基水杨酸比色法探究苹果中可溶性糖测定方法及其含量. 中国果树，2021，07：74-77.

[2] 王莉丽，梅文泉，陈兴连，等. 3,5-二硝基水杨酸比色法测定大米中水溶性糖含量. 中国粮油学报，2020，09：168-173.

[3] 陈钧辉，李俊. 生物化学实验. 5版. 北京：科学出版社，2014.

[4] 余瑞元. 生物化学实验原理和方法. 2版. 北京：北京大学出版社，2012.

[5] 单张凡. 琼脂糖凝胶电泳法测定小麦中长穗偃麦草的基因[J]. 安徽农学通报，2020，26（21）：14-15.

[6] 许超，曲勤凤，顾文佳，等. 几种提取转基因木瓜DNA方法的比较[J]. 食品安全质量检测学报，2016，7（04）：1531-1534.

[7] 董艳磊. 细菌DNA提取方法的优化. 中国高新技术企业，2012，（01）：41-43.

[8] 李钧敏. 分子生物学实验. 2版. 杭州：浙江大学出版社，2013.

[9] J. 萨姆布鲁克. 分子克隆实验指南. 4版. 北京：科学出版社，2005.

[10] 朱旭芬. 基因工程实验指导. 3版. 北京：高等教育出版社，2016.

[11] 李钧敏. 分子生物学实验. 杭州：浙江大学出版社，2010.

[12] 刘志国. 基因工程原理与技术. 3版. 北京：化学工业出版社，2016.

[13] 池肇春. 血红素加氧酶和胆绿素还原酶反应化学研究进展. 中西医结合肝病杂志，2021，31（7）：4.

[14] 王梅霞. 酵母细胞固定化实验的改进. 实验教学与仪器，2020，12：33-34.

[15] 苏秀芳，唐琴琴. 鸡皮果汁酶法澄清及稳定性工艺. 食品工业，2022，01：80-84.

[16] 王君. 酶工程实验指导. 北京：化学工业出版社，2018.

[17] 范延辉，王君. 发酵工程试验指导. 北京：化学工业出版社，2018.

[18] 倪赛. 抗菌活性微生物的筛选、鉴定及其次级代谢产物的初步研究. 江西农业大学，2018.

[19] 翁美芝，邓雄伟，王立元，等. 淡豆豉炮制过程中产纤溶酶微生物的筛选和鉴定. 中草药，2020，51（24）：6221-6228.

[20] 李丹婷，袁小枫，申屠旭萍，等. 淀粉酶产色链霉菌1628发酵培养基及发酵条件的优化. 中国计量学院学报，2015，26（01）：99-104.

[21] 陈海超，王延斌，熊强. 醋酸菌发酵产细菌纤维素培养基和培养条件的优化. 食品工业科技，2018，39（03）：117-121.

[22] 张雪娇，田欢，刘春叶，等. 可见分光光度法测定α-淀粉酶活力. 化学与生物工程，2020，37（03）：65-68.

[23] 葛攀玮，陈楚，葛庆丰，等. 牛乳中酪蛋白的提取以及鉴定. 现代食品，2018，（13）：125-126，129.

[24] 王高，周薇，赵存朝，等. 牦牛奶中不同酪蛋白的提取及其功能特性研究. 现代食品科技，2020，36（01）：227-234.

[25] 祝海珍. 三氯化锑分光光度法测定动物肝脏中维生素A含量. 现代食品，2017，（19）：77-81.

[26] 宋三妹. 香菇中粗多糖含量的测定的方法比较. 现代食品，2018，（11）：108-109，113.

[27] 李春，丁洪晶，张玉辉，等. 离子交换层析分离混合氨基酸实验方法的改进与对比研究. 内蒙古农业大学学报（自然科学版），2021，42（01）：104-108.

[28] 曾颖，张亚楠，曾臻，等. 双水相体系萃取分离鲍鱼内脏中的β-葡萄糖苷酶. 食品工业科技，2020，41（21）：164-171.

[29]　周勇，易延逵，杨晓敏，等. 香菇中多糖含量测定方法的比较研究. 食品研究与开发，2016，37（13）：124-128.

[30]　何东慧，郭晓燕. 香菇中粗多糖含量测定的方法比较. 现代食品，2015，（13）：29-32.

[31]　李宏亮. 离子交换树脂总交换容量的测定方法. 新疆有色金属，2019，42（04）：38-39.

[32]　胡永红，谢宁昌. 生物分离实验技术. 北京：化学工业出版社，2019.